U0353470

人工智能不会做什么

100亿人类与100亿机器人共存的未来

〔日〕羽生善治　日本NHK特别采访组◎著　　王鹤◎译

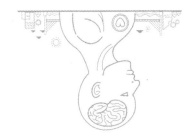

四川人民出版社

目 录

前 言

01

审美

人类所具备的独一无二的特质

03

接近人类的人工智能
——感情、伦理、创造性

报告 3　如何教育机器人

04

制造万能人工智能的可行性
——通用性与语言

05

怎样与人工智能相处

前 言

寺院慎一
日本 NHK 大型企划开发中心监制

在 1996 年版的《将棋年鉴》中，有这么一段耐人寻味的内容。

这是一份调查问卷《电脑什么时候能战胜专业将棋棋手？》，请专业棋手填写回答。1996 年，正是 IBM 的超级电脑深蓝（Deep Blue）打败国际象棋世界冠军的前一年。

大多数棋手都斩钉截铁地表示了否定，认为那一天不会到来。例如，米长邦雄说："那一天永远不会到来。"加藤一二三则说："不会有那一天吧？"村山圣的回答是："那天不会到来。"真田圭一说："100

年之内应该是不会输给电脑的。"乡田真隆说:"那一天终究会到来。但是,电脑却是永远也无法超越人类的。"不过,有一位棋手几乎完全正确地预言了电脑战胜专业棋手的日期——那就是羽生善治。他的回答是"2015 年"。

　　恰巧在 2015 年,日本 NHK 电视台开始制作特别节目《天使还是恶魔:羽生善治,对人工智能的探究》(节目于 2016 年 5 月播放)。与羽生先生初次会面的时候,我也这样问过他:"羽生先生,您可以战胜人工智能吗?"

　　"如果用田径比赛来比方的话,现如今的人工智能差不多在尤塞恩·博尔特(Usain Bolt)的水平,运气好的话人类说不定能赢。但再过几年,人工智能就会达到世界一级方程式锦标赛(F1)赛车的速度。那时候,人类就不会再有与人工智能一较高下的想法了。"

　　在专业的将棋棋手接二连三地输给人工智能的时候,羽生先生作为"最后的壁垒",被寄予了极大的期待。可是他本人却认为,在将棋的世界里,人类再也不可能战胜人工智能了。

　　不过,羽生先生在说起这话的时候并无遗憾,更无不甘。他的语气很淡然,一如既往,甚至可以说对人工智能的进化发展充满兴奋的期待。

我们的节目之所以会请羽生先生来当采访记者，正是因为他虽然切身感受到了人工智能的进化，却并不认为这种进化是对人类的威胁。在他看来，人工智能的进化为人类开拓了新的可能性。

当今，全世界正在进行一场科技革命。人工智能、机器人、虚拟现实（VR）、增强现实（AR）、宇宙开发等各种爆发性的科技发展，正在不断地改变我们的生活。甚至有人预测，到2045年，电脑就可以超越人类智慧的总和，达到技术奇点（singularity）。

在制作这档节目之前的 2015 年 1 月，我们还曾制作过一档由 5 期节目组成的系列特别节目《我们的未来》，并在节目中描绘了在到达技术奇点的 2045 年，世界将会是怎样的景象。

技术的进化已无法阻止。所以这个节目不如说是一档为大家思考应如何构筑幸福、如何进行选择而提供背景知识的节目。而《天使还是恶魔》这档与人工智能相关的节目，也始终贯彻了这一理念。节目并不站在"人类 vs 人工智能"这样单纯的对立角度上进行思考，而是为了拓展人类的可能性，对如何使用人工智能进行思考。

羽生先生毫不犹豫地接受了我们的工作委托，并耗费了大量地精力进行了采访。他在各场棋赛的间隙，随同我们的采访组马不停蹄地奔赴英国、美国和日本各地，消耗了大量的精力。在传出羽生先生在将棋对局中战败的消息时，我们全体工作人员都从心里觉得非常过意不去。不过，正是因为有羽生先生对人工智能的关心与亲身感悟，才更好地引导了我们这个节目。

根据节目制作时采访的成果，我们写作了本书。负责执笔的是羽生先生和本节目的导演之一中井晓彦（制作局，科学/环境节目部门）。本书的每一章都以羽生先生的语言作为引子，切入各种论点的"核心"。而各章的末尾的"报告"，则由中井导演根据采访成果，进行客观地解说，并对关联话题进行补充。

羽生先生的智慧，是可以让日本在全世界为之自豪的。羽生先生亲自采访、亲手执笔的本书，在如何对待不断进化的人工智能这一问题上，给予了我们很多启迪。

羽生善治是如何直面人工智能的，而他对未来又有着怎样的构想？——希望各位读者能随着羽生先生的引导，畅想人工智能将会带来的未来。

01

人工智能即将赶超人类

——"减法"思考

AlphaGo 带来的震撼

2016 年 3 月，韩国专业围棋棋手李世石惜败于谷歌旗下的英国公司 DeepMind 所开发的人工智能程序 AlphaGo。这场比赛一共进行了 5 局，李世石的成绩是 1 胜 4 败。

李世石是世界上屈指可数的顶尖围棋棋手，他以独创的棋风和难以逾越的强大，被称为"围棋界的魔王"。这样的人物被 AlphaGo 击败，世间所受到的震撼可谓非同一般。

在这场战斗开始之前，舆论普遍认为，现在的围棋软件在和人类顶尖棋手下棋时，人类棋手至少要让三四个子，软件才可能与其平分秋色。在围棋界，这种让对方在棋盘上先布几子的情况，被称为"让子"。当双方棋手水平有差距的时候，有时会采取让子的方法，在开局前让水平较低的选手先布几子。这对于将棋界来说，类似于"让驹战"。在围棋中让三四子，就相当于将棋棋手在让驹战中，做出"除去飞车"或"除去飞车与左旁香车"这样的非常大的让步。

恐怕，李世石先生内心也觉得自己不可能会输，在对弈前是非常放松的。

也正因为如此，在初战中察觉到对手的强大之时，李世石先生也同观战的我们一样，无法掩饰自己的惊讶。

事实上，在这场对局开始之前的 2016 年 2 月，我曾与 DeepMind 公司的 CEO、同时也是 AlphaGo 的开发者之一戴密斯·哈萨比斯（Demis Hassabis）进行过会面。

我们会面的目的，是为了制作这本书的基石——NHK 特别节目《天使还是恶魔》，但当时 AlphaGo 的开发才开始 1 年左右。那时的我说什么也想不到，李世石会在这场对弈中落败。

哈萨比斯先生为人爽朗，善于交谈，给我留下了很深的印象。他是将棋、扑克等思维竞技类游戏的爱好者，同时也很擅长这些游戏。

他原本是著名的国际象棋棋手，13 岁时曾获得同年龄段世界级比赛的亚军。在被特许跳级进入剑桥大学之后，他选择了学习认知神经科学等相关学科专业，并一直致力于游戏、人工智能相关的研究与开发。

对话戴密斯·哈萨比斯

说回采访时发生的事。因为我也长年下国际象棋，所以见面之后，哈萨比斯先生二话不说就和我下了两盘超快棋。

在将棋界，有一句话叫"对弈即对话"。我想从国际象棋的行子中，应该同样可以看出这人的思维方式。哈萨比斯先生的行子方式颇具全局观，在攻守方面的着力也很平衡，无论怎样的局面，都应对自如。在我的印象中，这种下棋风格就是所谓的王道派，行子堂堂正正。我们对局的结果是一胜一负。我觉得，从他的棋风中所体现的遵循王道的性格，也会体现在他的工作态度上。

在对 DeepMind 公司的采访过程中，有件事令我很感兴趣，那就是虽说这个项目由熟知思维竞技游戏的哈萨比斯先生掌舵，但在这个人工智能的开发过程中，却鲜少运用到围棋方面的知识。

在这个项目中，相关人员最为重视的始终是人工智能相关的程序开发知识。在采访当天，与哈萨比斯先生一同接受采访的工程师虽然对国际象棋了如指掌，但对围棋却不甚了解。不过同样，在将棋软件的开发中，人工智能的开发者不了解将棋也是常有的事。

那么，AlphaGo 是如何变得这般强大的呢？

当我询问哈萨比斯先生的时候，他告诉我，其中一个最直接的原因是，AlphaGo 与自己进行了无数盘对弈。令人惊叹的是

▲ 羽生善治（右）与戴密斯·哈萨比斯先生（左）对局，最终结果为 1 胜 1 负

AlphaGo 的运行速度，它可以以极快的速度完成每一场比赛。在很短的时间内，程序就可以取得几十万局的对弈数据。

普通的个人开发者要做一个月的事，DeepMind 公司在一天之内就能实现，这正是他们的厉害之处。

人工智能之间所进行的那些对局，看起来并不高妙。然而，庞大的对弈数据的累积，最终使得工程师们所开发的人工智能战胜了李世石先生——尽管这些工程师对围棋知之甚少。

AlphaGo 与李世石先生之间的对弈，恐怕是现在举世瞩目的人工智能开发中的一件极具象征性的案例。那么，人工智能的开发为什么会获得全世界的关注呢？

现在，为什么要致力于开发人工智能？

在我看来，目前的人工智能发展，主要有赖于三大要素的互相作用。

第一个要素，就是大数据。

人工智能通过大量数据来进行学习，数据越多，就越强大。例如 IBM 公司在 1997 年开发的国际象棋程序"深蓝"，它曾在这一年的系列比赛中打败了当时的世界冠军、俄罗斯的加里·卡斯帕罗夫（Garry Kasparov）。

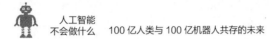
当时，"深蓝"搭载了100万局以上的棋谱数据，每秒钟可以计算2亿步。20年前的程序虽然还没有如今的程序这样简洁，但是利用过去的对局信息与强大的计算能力，"深蓝"以"推土机式"[1]的战法战胜了人类。

第二个要素，是硬件的发展。

十多年前，公立函馆未来大学研究人工智能的学者松原仁教授曾说过："硬件如果进步了，将棋软件就会自动变强。"因为，硬件的进步会使电脑的计算能力达到每秒百万步甚至亿步，软件自然也就变强了。

这个认知基于英特尔公司的创始人之一戈登·摩尔（Gordon Moore）提出的"摩尔定律"。这一定律是关于电脑发展进步的经验法则，根据这一定律，在空间不变的情况下，集成电路的密度一年半增加一倍，所以电脑的计算速度也会以指数级急速增加。

第一次听到这个说法的时候，我只是漫不经心地觉得"原来是这样"，并没有放在心上。然而最近在将棋界，电王战[2]越来越受到人们关注。看到将棋软件的显著进步，这个说法对我来说才

[1]　推土机式：松原仁教授在《游戏信息学与历史》中讲话的总结。指电脑像推土机推土一样，尽可能地读取所有可能会出现的棋招，并从中选择最优一手的方法，也即"穷举法"。——译者注
[2]　电王战：全称将棋电王战，由日本著名IT公司多玩国（DWANGO）主办，是专业棋手对战将棋软件的非正式将棋比赛。——译者注

有了更切身的感受。

举例来说，AlphaGo 在与人对弈时所使用的机器的计算能力并不是特别厉害的。然而，AlphaGo 在学习阶段使用的是 DeepMind 的母公司谷歌的巨大计算资源，并依靠这些资源快速积累了大量的数据。

AlphaGo 的胜利，要归功于能够处理庞大数据的软件和支撑了该软件运行的硬件技术。可以说，如果没有称霸世界的超大规模 IT 企业谷歌的支撑，就不会有 AlphaGo 的成功。

除了大数据和硬件的发展，还有第三个要素，那就是"软件"部分的发展，特别是深度学习（deep learning）的兴起。

听说过深度学习这个词的人恐怕不少。近来，人工智能引起了越来越多的关注，主要就是因为深度学习。

在由被称为神经式网络（neural network）的模拟人脑学习方法构成的人工智能算法中，它是最近最受瞩目的部分。人类的神经细胞通过电子信号互相传递信息，而信息传递的结合部，被称为突触。将这种由突触结合来表达知识的原理通过数学建模，就构成了神经式网络。

这其中最令我感兴趣的，是所谓的误差反向传播算法，因为这种算法通过删除回答错误的神经细胞来修正答案。

用我的理解来对这个算法打个比方：

　　如果每一个神经细胞都是一个人，在一起进行传话游戏。第一个人得到的信息是"猫就是长成这样的生物"，就像传话游戏一样，每一个神经细胞都向自己周围的其他神经细胞传递这个信息，这样一来，终端就会知道"猫原来是这样的啊"。

　　那么，如果要传一句"今天外出去新宿公干"，这句话如果只经过两三个人的传递，应该是可以准确地传达给终端的。但是，如果通过50个人来传递这句话，会得到怎样的结果呢？

　　从第一个人开始，在若干次的传话之后，内容很可能在不知不觉中变成了"明天去日本桥的百货店买东西"这类与最初的信息毫不相干的东西。为什么会变成这样呢？往往是因为传话的过程中出现了不可信的人，夹杂了乌七八糟的信息。

　　那么，要怎么解决这个问题呢？拿将棋的学习来说，在将棋学习中，最重要的并不是记住更多的东西，而是让自己舍弃多余的思考。同理，在玩传话游戏的时候，就要把这种乱传话的糊涂蛋从游戏中抽离出去。之后再重新开始游戏，就可以正确地向终端传递信息了。

　　具体来说就是这样的：传话过程中，如果与A相邻的B告诉A"今天要去新宿公干"，而与A相邻的C又对A说"明天要去日本桥的百货店买东西"。这时候根据"传话游戏"的结果，首先应该认为C是不可信的，降低对C的信任度。

这样重复几次之后，哪个人传的话更值得信任就很明确了。在我看来，这就是误差反向传播算法的本质。

我以前经常在将棋的书里提到，减少处理无用信息的"减法"思考，是人脑思考的特征。而深度学习中竟然含有这种"减法"思考的要素，这实在是让我觉得很有意思。

人工智能 vs 老鸟警察

当然，人工智能并不是仅仅应用于围棋或象棋的软件里的，人们普遍认为，人工智能将在今后参与到更大范围的人类社会活动中。

成为这本书出版契机的 NHK 特别节目《天使还是恶魔》，就告诉了大家人工智能是如何开始悄然改变我们的社会的，其中介绍的事例中有不少已经进入了实际应用阶段。

在采访过程中，我了解到不少人工智能实际参与社会事务的事例。其中最令我惊叹的，是美国某个城市里发生的一件事。

那个城市的治安很差，警察一直为此感到头痛。因此，警察局进行了一项让人工智能来决定应该去哪里巡逻的实验。但实验中人工智能不断指示前往巡逻的区域，却是拥有 20 年经验的老警官认为"这个时间那里一定很安全，不用巡逻"的位置。

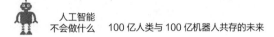
　　警察按照人工智能的指示前往那块区域巡逻，结果是令人震惊的，当地的犯罪率真的发生了急剧下滑。这是因为人工智能通过大数据，可以筛选分析出"今天这里有曾经犯下恶性犯罪事件的罪犯被释放"等信息，优化了警察应该去巡逻的场所。

　　NHK特别采访组还采访了一家美国的初创企业，这家企业所开发的人工智能系统通过照片，缜密地发现了专科医生也没能发现的癌症。由这些例子可以看到，人工智能正在不断渗透到我们社会生活的各个角落。

我对人工智能感兴趣的原因

　　虽然我与节目采访组一起采访，可我本人在人工智能这方面并没有任何专业知识。不过，我对人工智能与社会的走向怀着非同寻常的兴趣。就让我先来说明一下我对人工智能如此感兴趣的原因吧。

　　就在因特网出现的前后，将棋界也发生了翻天覆地的变化。作为棋手，早晚都要面对这种科技的进步，所以一直以来，我都在关注科技发展的动向。

　　在国际象棋界，人工智能程序曾在20世纪90年代中期取得了很大的进步，并在进入21世纪之后拥有了决定性的影响力。如今的国际围棋比赛中，人们一边确认人工智能提示的"评价值"，一边看比赛，这已经是一件寻常事了。

在国际象棋、围棋和将棋的程序中，由于要对棋步和局面进行判断，所以会有用于评价每步棋好坏的函数。程序就是利用这种评价函数来预测之后棋局的发展，并算出较有利的下一手。所谓的评价值，就是根据评价函数为每一步棋评出的分数。

特别是在国际象棋中，棋手在评判新棋步的时候经常用软件来进行辅助，这已经是很普遍的现象了。我想，这早晚也会成为将棋界常见的情形。

我曾与人工智能研究者松原仁教授等人一起出版过一本叫做《知晓未来的头脑》（2006年）的书，这本书讨论了人类的思维模式与人工智能思维模式的差异。在那之后，我与认知神经科学方面的学者也有过很多次接触的机会，并一直对人工智能相关的发展状况进行了追踪。从这个意义上来说，我对最近的人工智能风潮并没有太多惊讶，只有一种"这一天总算来了"的感觉。

不过在参与NHK特别节目之际，看到导演给我的一大堆资料，我还是吓了一跳，心想："人工智能居然已经进步到这种程度了！"

未来学学者雷·库兹韦尔（Ray Kurzweil）曾经在他的著作《奇点临近：当计算机智能超越人类》中提出了奇点的概念。

他在书中预言，在不久的将来，人工智能超越全世界人类智

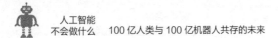
力总和的奇点就会到来。而从那时开始，机械的智力将会以指数级成长，以至于人类无法比肩。库兹韦尔还在书中做出了很多预言，例如人类劳动力将完全被机械代替等。第一次阅读这本书的时候，我不怎么相信他，不要说是半信半疑，连10%都不信。

然而在看到近来人工智能的发展状况之后，我不禁觉得，那种如同科幻电影一般的预言，似乎正在逐渐变成现实。听说库兹韦尔也正在携手谷歌合作进行研究，那么他这些看来"不可轻信"的观点，恐怕是相当的可靠。

人工智能开始做"减法"思考

今天，人工智能已经取得了相当大的进步。

我之所以会这么想，还有另外一个理由。那就是我不得不意识到，人工智能正在习得人类思考的优势。

在将棋中，作为"算步"的前一阶段，首先要做的是删除那些不用去想的棋步，在进行这项工作时，对棋手来说非常必要的素质就是直觉。

棋手在看到盘面的一瞬间，要马上能够判断出"这种布局似乎很棒"，一下子把无须思考的棋步舍弃，把最优的棋步范围缩小到几个之内。在电脑将棋中，这叫做"剪枝"。

人工智能可以在 1 秒内计算几千万步，在"算步"方面比人类占优势。但是，运用"减法"运算筛选出可行的棋步，却是人工智能一直以来的短板。然而 AlphaGo 却能在计算棋步的同时进行筛选作业。

这就是所谓的策略网络（policy network）技术。使用这种技术，虽然未必会得出正确答案，但却可以通过大致的计算获得基本正确的回答，舍弃那些明显无效的解。

这样一来，电脑就可以只留下有希望获胜的棋步，接下来就能在限制时间内进行非常深层的"算步"了。我认为，这个策略网络的作用，很有可能就相当于人类的直觉。

这种技术可以说极大地提高了"算步"的效率，而且它与人类的思维方式非常相近。我认为，这也是 AlphaGo 如此强大的秘密之一。

人类的优势在于"通用性"

对于近年来的人工智能的发展，还有另一个让我觉得耐人寻味的地方。

与戴密斯·哈萨比斯先生会面的时候，他在历数人类智慧的优点时，除了变通性之外，还提到了"通用性"这个词。

人工智能
不会做什么　100 亿人类与 100 亿机器人共存的未来

▲ 在 DeepMind 公司与 AlphaGo 对局的作者

在某个领域学习到的知识，可以应用于另一个领域，这就是人类智慧的优势——我也是这样认为的。

哈萨比斯先生之所以得出这样的结论，大概是因为他的研究领域是脑神经科学，所以对脑的可塑性有充分的认识。脑的可塑性的含义，用简单的语言来说就是，人脑具有变通性，会根据不同的状况做出改变。

在目前的人工智能研究中，通用性是一个非常重要的课题。因为就算深度学习已经应用于国际象棋、医疗等多种多样的领域，学习了国际象棋的程序也并不能将其学习成果运用到癌症的检查诊断方面。

国际象棋的程序终归只能下国际象棋，医疗方面的软件也只能应用于医疗。人工智能只能在自身学习的领域专业化，虽然它做出的判断可以达到很高的水准。

作为生物，人类在任何领域都能进行学习，但这种学习并非"博而不精"，而且比起只擅长某个领域的学习，这种学习显然让人类更容易生存。人类有着举一反三的能力，在一个领域学到的东西，可以应用到其他领域。通用性，是人类在漫长的历史中获得的、远胜于其他生物的优势。

但是对于现今的人工智能来说，这一点还很难做到。

思考的基础

关于将棋程序，有这样一件有趣的事情。

在开发将棋程序的检索部分时，开发人员常常会使用鳕鱼干（Stockfish）这一国际象棋程序的开源代码。当然，在进行将棋的程序开发时，必须要对Stockfish进行若干调整才行，但是据说，就算不加改动直接使用也很不错。

过去曾有"将棋程序没有通用性"这种说法，因为人们普遍认为，无论是把其他领域的程序用到将棋上，还是反过来在其他领域应用将棋程序，都是不可能实现的。

然而，Stockfish却冲破了不同领域的屏障，可以说是跨界程序应用的实例。话说回来，最近将棋程序的开发开始蓬勃发展的一大理由就是，其他的游戏程序算法也可以在将棋的程序中应用、转换或导入。

顺便提一下，就连 AlphaGo，它的理论背景里也包括了其他的人工智能开发中也在使用的算法——蒙特—卡罗法（模拟和数值计算的技术之一），以及一些已经在专业论文上发表过的东西。在开发中，AlphaGo 其实并没有什么新的划时代的技术突破。

DeepMind 公司目前还没有公布这个程序的详情。不过我想，如果公开 AlphaGo 的检索部分的设置，将棋程序和国际象棋程序一定也能够应用。

这意味这什么呢？那就是尽管国际象棋、将棋和围棋是不同的竞技项目，但是在思维逻辑方面，说不定有着相同的基础。

虽然游戏规则不同，但追及思维方式和逻辑的根本，这些游戏之间却存在着共通之处。这也许可以成为我们探索"智慧"的通用性的一个契机。

将棋界已经预见人工智能时代的样貌

DeepMind公司不仅在围棋方面有所建树，在其他领域也有涉猎。

2016年2月，DeepMind公司宣布与英国国民保健署（National Health Service）等合作，开始涉足医疗事业。

不仅如此，DeepMind公司还运用人工智能的算法，把母公司谷歌数据中心的冷却电耗降低了40%左右。虽然我不知道Alpha-Go的程序与这些案例有多大关联，但这家公司能在短时间内取得这样的成果，不得不说令人震惊。

随着人工智能在社会上的应用不断深入，人类要如何面对人工智能，将成为一个问题。因为人工智能表现出的一些特征，与人类以往的思维方式有着很大的差异。

看着现在以电王战为主的电脑将棋与人类棋手之间发生的各种情况，我们似乎也可以预见到人工智能在社会中获得普遍应用时可能会发生的情况。这是很有趣的一件事。

从这个意义来说，电脑将棋正是将来机器与人类之间问题的一个缩影。那么，就让我来说明一下，人类棋手在与电脑将棋对战时，需要直面怎样的"违和感"。

人工智能的思维方式是"黑箱"

首先，人工智能的思维方式对我们来说是"黑箱"。

特别是现在势头正旺的深度学习。如同之前说过的，这种算法的思路在于让人工智能通过大量地读取数据来做出判断。所以，不熟悉围棋规则的工程师也可以开发AlphaGo。

然而随着人工智能不断发展，如果它要做出判断的情况与政治、经济决策有了更多关联，情况又有所不同了。如果这些重要决策的过程变成"黑箱"，很多人都会觉得不放心吧。

当然，人工智能得出的结论，我们可以再用人类的思维进行说明解释。可是，万一人工智能得出了人类根本无法理解的答案，我们要怎么办呢？这种情况也是我们不得不考虑的。

例如，投球器可以通过设置，投出150公里/秒的球，同样，也有可能存在一个人能够投出如此高速的球。但是，当投球被设置成 200 公里／秒的时候，恐怕就已经超出了人类的极限，要投出这种异常高速的球，会伤到肩膀。

对于人类的思维领域来说也是如此，就像人的身体会受到物理条件制约一样，思维也一样是有极限的——虽然抽象的世界导致这个道理难以被人察觉。

三子关系问题

能够说明这一点的，是电脑将棋中的是三子关系问题。只要在棋盘的任意位置上摆放三子，人工智能就可以通过庞大的数据，算出这种下法的优劣——只要三个子就可以了。

三子关系在将棋判断下法优劣的算法中十分重要，现在的算法正是活用了这种方法开发出来的。之所以是三子，是因为根据现在的计算处理能力，这个数量是有效的。将来也可能会出现以四子为基本单位的算法。总之，这个数并不是随便定下来的。

判断下法优劣的能力是十分重要的，棋手也经常要考虑这个问题。然而，这种能力并不是"王附近应该有金""飞车不要放在王附近为上"这类可以从逻辑上说清楚的事情。在盘面随意放三子就能分析出优劣这种事，人类肯定是做不到的。

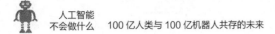
　　然而，将棋程序计算得出的评价值，却极为准确。

　　我对这个问题非常在意，因此曾向松原先生询问过原因，但他只是回答我："哎呀，这个我也不是很清楚呢。"当我进一步问他："那么，如果人类观察了一万个这种三子关系的例子，并全部死记硬背下来的话，他的将棋水平会有所提高吗？"他回答说："恐怕是不能的吧。"

　　如果松原先生的话是正确的，那么就表明，人工智能存在着机器可以学习而人类无法学习的"黑箱"。

　　之前提到的巡逻的事例也是如此。人工智能得出了老鸟警官也无法预料到的结论，但是这一结论是将庞大的数据通过怎样的处理得出的，我们却不得而知。在社会接纳人工智能的过程中，这种"黑箱"的存在可能会成为阻碍人们接纳它的巨大障碍。

人工智能没有恐惧心

　　电脑将棋与人类还有一个不同，那就是它没有恐惧心。

　　针对电脑将棋的下法，棋手们经常会提到："在人看来，将棋程序的下法，经常有一种'违和感'。"

　　这是因为，人工智能常常会下出人类棋手不敢下的棋步。当然，也可以说这是因为将棋程序不像人类那样有盲点，所以能够自由地选择下法。

然而，一旦人工智能应用于社会，这会造成怎样的局面呢？

尤其是人工智能机器人的情况，没有恐惧心，恐怕它很难立足于社会生活。我们为了不被路上的车撞到，会很小心地过马路；在乘坐自动扶梯的时候，也会注意让自己的步伐配合扶梯的运行速度——总而言之，恐惧心使我们可以察觉到危险。

与"黑箱"的问题一样，当人工智能完成更大的进步，参与社会决策的时候，没有恐惧心会导致怎样的情况发生？它有没有可能做出人类无法接受的、具有危险性的决策呢？

人工智能会使人懒于思考？

就算以上这两个问题能够解决，仍然有可能会出现新的问题。

如果机器人能像人一样在物理空间中移动，人工智能又能帮助我们进行社会决策，人类可能就会出现这样的想法："那凡事都交给人工智能就好啦。"这样一来，我们自身的思考能力似乎会变得越来越弱。

之前讲过，人工智能为巡警指出了合适的目的地，但是一旦将决策权完全交给人工智能，也许人类自身的直觉就会钝化。

事实上由于技术的发展，这类问题已经发生了。

我在与一些警方人员谈话的时候，他们就曾聊到，由于《个人隐私保护法》的影响，审问这种方式已经不像以前那样容易获得信息了。所以在审问嫌犯之前，警方会先查看安保监控的影像。然而，没了审问这种自古以来的办案方式，以前警察的"总觉得这里有点可疑"的直觉，恐怕就得不到锻炼了。

当然，也有人会认为这并没有什么大不了的。可是，如果一直将一切都交给人工智能来处理的话，一旦发生了系统无法应对的问题，人类要怎么办？谁来解决这样的问题？

实际上，将棋程序对对战双方形势的判断，也并不是绝对正确的。

从人类角度来看不相伯仲的盘面，不同的软件给出的评价值会有相当大的差异。这样一来，人们就需要对软件给出的评判进行思考，判断要对软件的评判参考到什么程度，接下来应该怎样进行选择。而这种选择能力，只能通过在平时一次次对局中的独立思考来培养。

作为第二意见的人工智能

当然，如果人们把人工智能放在假想敌的位置上，放弃对其进行有效利用，并不是一个好的策略。如果对人工智能应用得当，它必定会给人类带来很大的助力。

就拿用来提供第二意见的人工智能为例。所谓第二意见，是医学界的一个说法，指患者不仅仅听取一名医生的意见，还听取其他医生所提供的"还可以这样诊断（或治疗）"之类的建议。

同样，人们也可以不光采纳人类的判断，还参考人工智能"还有这样的可能性"的提示。

前文提到，将棋程序可以突破人类思考的盲点。换言之，将棋程序改变了棋手自身的视角。所以我想，是不是还可以这样使用人工智能：在不以人工智能的判断为绝对的前提下，怀着开放的心态思考"我对这个局面是这样认为的，人工智能又是怎么看的呢"？

正如我之前所说的，早在十多年以前，国际象棋界就已经把使用软件对棋步进行分析和研究当成是理所当然的事情了。在初期阶段，软件得出的答案水准参差不齐，是否能对其进行有效利用，是棋手们一分胜负的关键。但现在大家都可以使用这个方法了，因此这一点已经无法决定棋局的胜负了。想要决出高下，就牵涉到能否熟练运用软件，以及如何对包括数据库在内的程序本身进行充分利用。

在将棋界也是如此，由于人工智能突破了人类盲点，很多人逐渐开始接受人工智能的建议，认为"实际下了之后，发现这样

的下法还不错哦"。现在，甚至已经有一些人工智能的下法成为
了定势。

来自人工智能的新思考

像这样以人工智能的提示为参考，思索出新的下法，磨练将
棋技术的事例，已是屡见不鲜。人工智能在不断学习，而人类也
在通过人工智能不断进步。

对于我自己来说，眼前有机器在以如此惊人的速度不断学习，
如果我们只将其作为得到正确答案的工具，那就未免太可惜了。

对人工智能的算法进行思考和学习，得到新的创意想法——例
如全新的审美（详见第二章），这样的利用方法才更加有建设性，
更加意义深远。

关于平时是否使用将棋软件这个问题，在对我的采访中，我
经常会被问及。我自己平时并不常使用将棋软件，只是在对前文
中提到的人类无法理解的三子关系问题进行思考，以及想知道人
类能否理解它的时候，对将棋软件进行过考察。我想，通过人工
智能的答案，应该可以找到拓展自己思维的方法。

不过，要让社会中的绝大多数人接受人工智能得出的答案，
恐怕会是一个重要的课题。对事物进行判断或决策的时候，面对

并不理解相关问题的人，决策者能否给出简单易懂的说明，是非常基础，也是非常紧要的。想要让绝大多数人接受一项决策，就必须想方设法帮助他们理解相关的内容。也就是说，人们可能会需要一个人工智能版的池上彰[1]先生。

此外，对庞大的大数据进行恰当的处理，并让其可视化（visualization）的技术，在将来应该会有大量需求。当人们不明白人工智能在做什么的时候，如果有一种技术能对其行动简洁明了地进行说明，那么这种技术将会是十分重要的。

总之，在人工智能毋庸置疑已经渗入社会各方面的如今，能否充分运用人工智能的力量作为第二意见，无疑会成为人们未来的一种技能。

人工智能无法创造出船梨精[2]

与人工智能相比较，人类所拿手的领域才会愈加凸显。

例如天气预报。最初一点点的差异，随着时间的推移，可能会变成电脑也无法预测的复杂情况，这就叫做蝴蝶效应。天气就是其中的一种，政治方面的判断也与此类似。而像这样在相互纠葛交错

[1]　池上彰：日本著名记者，信州大学特约教授。——译者注
[2]　船梨精：日本千叶县船桥市的非官方吉祥物。——译者注

的要素集合之间进行决策，似乎还是人类更加擅长一些。

又例如创造性。如同前文所述，人工智能的创造性与人类的有很大的分歧。所以我们才说，人工智能的判断有着作为第二意见的可能性。可是，要说人工智能的成果从根本意义上来讲是否有创新性，这个问题就很难回答了。

在第三章，我们会详细描述能通过计算过去画家的数据，完全模仿画家笔触的人工智能。类似的人工智能，在作曲界也已经登场。在人工智能有可能创造出艺术品的如今，我们不禁想要探讨，人类的艺术活动是否真的具有创造性，真正的创造又是指什么？

创造到底是什么呢？我个人认为，99% 的创造是将已经存在的事物，以全新的方式进行组合。从这个角度来看，这的确是人工智能擅长的领域。

可是，余下的 1% 或者 0.1% 也是存在的——这种创新就如突然变异一般，从空无一物诞生出开创性的创造。

在关于人工智能的演讲或对谈中，我曾提到过："人工智能无论怎样进化，都无法创造出船梨精来。"

虽然我说得可能有点夸张，但船梨精的诞生不正是一种开创性的革新吗？而这种创造行为，似乎是人类才擅长的领域。

不过，在将棋界这样的圈子里，这种崭新的主意却并不会让人觉得惊艳。因为一旦看的人认为"这不是用电脑分析才找出来的嘛",就不会单纯地觉得了不起了。

实际上,在率先普及人工智能的国际象棋界,自打进入21世纪以来,就没听说过有什么高妙的棋招是人类凭借自身力量探索得到的。无论是哪一个GM(Grandmaster,国际象棋最高称号),都理所当然地在检查阶段使用电脑。不过这样一来,象棋界可能就无法产生类似牛顿发现万有引力的感人故事了。

当人工智能对人类进行辅助,而人类通过人工智能来学习成为人们的日常生活方式时,这将会是一个怎样的社会呢?人类在行动时,是不是会像是拥有了一个超级头脑呢?

脑科学家茂木健一郎曾表示,现代社会是以人类智商不超过100为前提而设立的。茂木先生还问了这样一个问题:如果人工智能的智商达到4000,社会会是怎么样的?到那时候,社会的形态可能会发生翻天覆地的改变。

如果,智商4000的人工智能可以像外置硬盘或者智能手机一样让我们随身带着走……

当然,这只是对于人工智能可能会引起的变化的思考实验之一,有些科幻的成分在里面。但我认为,这确实是一个值得讨论、令人深思的课题。

人类应该如何与人工智能共存?为了寻求这个答案,我自身

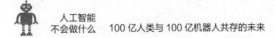

也在不断地思考。诚然，我还没有找到正确答案。可是，通过对电脑将棋界发生的事情的所见，以及在 NHK 特别节目采访中的所闻，我想，我多少正向正确答案的方向接近。

深化深度学习

为什么选择哈萨比斯先生

羽生先生与我们采访组关于人工智能主题节目的制作会谈，始于 2015 年 5 月。当时，世界顶尖围棋棋手李世石与 AlphaGo 尚未对局，我们甚至连 AlphaGo 这个名字都还没有听说过。

但是我们了解到，谷歌收购的 DeepMind 公司里有一位名叫戴密斯·哈萨比斯的天才科学家。他让人工智能学习如何玩游戏之后，人工智能拿到的分数很快就超过熟练的老玩家。

拿 Atari 公司开发的游戏《打砖块》（*Breakout*）来说，人工智能只学习了 4 个小时就记住了这个游戏的规则，并制定出了能得到高分的策略。这个成果不仅能应用在这一个游戏上；利用这一成果，该人工智能在多达 29 种的游戏中获得的分数都超越了专业玩家的得分纪录。

　　这种人工智能的算法被称为 DQN（Deep Q Network）算法，相关论文曾登上《自然》（*Nature*）杂志的封面。（因为在采访哈萨比斯先生的时候，我曾有点不好意思地提到"DQN"这个词在日本还有其他意思 [1]，所以对此印象十分深刻。）

　　该论文提到，人工智能可以"自行认识规则和特征，并建立战略，得出最优解"。这恐怕就是彼时刚开始引起世人关注的深度学习的本质了。采访到戴密斯·哈萨比斯先生，我们这个节目也许就能使人了解到人工智能最前沿的信息和未来的走向了吧——怀着这样的想法，我们开始了对整个节目的策划。

　　不过，正在我们已经策划好方案，着手进行采访的阶段，AlphaGo 仿佛彗星般横空出世。搜集相关资料进行调查之后，我们发现，哈萨比斯先生居然还是羽生先生的棋迷。"如果羽生先生能来英国的话，请一定让我见他一面，"他这样回复。于是乎，我们得到了独家采访权。

两人的一致观点

　　羽生先生花了大约两周的时间协助我们进行海外采访。前半部分的重头戏就是两次访问 DeepMind 公司。第一次，我们参加

---

[1]　DQN 在日语中也是一个表示贬义的网络流行语。——译者注

了关于 AlphaGo 与李世石对局详情的记者发布会。这是在伦敦与首尔两地经由互联网的会面，对弈的双方都表现出了自信。

发布会结束后，哈萨比斯先生注意到羽生先生在现场，赶紧跑过来打招呼："我一直很期待能与您见面。"两人的寒暄都非常简单，实在看不出来是初次见面。

拍摄的第二天，DeepMind 公司方面的工作人员一早就准备好了国际象棋。我们一到 DeepMind 公司的办公室，羽生先生和哈萨比斯先生就开始了使用计时器的正规对局。令我记忆犹新的是，两人只是对弈了不到 10 分钟，就变得像旧相识一般，让围观的旁人不由觉得这大概是天才之间才会有的心灵相通。

羽生先生评价哈萨比斯先生是"堂堂正正的王道派"，而从我对哈萨比斯先生的印象来说，他是一位"因不懈努力而充满自信的人"。听说每天半夜 12 点到第二天凌晨 4 点，是他用来阅读全世界的论文的时间。

作为一名经营者，哈萨比斯先生是一个非常全面的人。关于人工智能开发的成果会给社会带来怎样的影响，他也十分敏感。2014 年谷歌收购 DeepMind 公司时，哈萨比斯先生提出的一个条件就是"设置伦理委员会"。从这件事我们可以看出，哈萨比斯先生是一个有着很高的道德标准的人。

申请采访的时候，该公司的工作人员很详细地向我们询问了

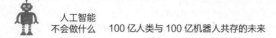
这个节目的主旨。采访当天，我们也提到了人工智能对社会可能带来的消极影响，哈萨比斯先生时常认真地点头表示："我知道会出现这样的问题。"

人工智能的开发工作伴随着重大的责任。对人工智能的运用方法如果不恰当，就可能引发对人类社会产生威胁的事态。哈萨比斯先生对此铭记在心，但同时也关注着人工智能可以带来的美好未来。虽然采访时间不过短短 2 个小时左右，羽生先生与哈萨比斯先生却已经达成了一致的见解：人工智能的开发不应停止，人类的进步必须以此为前提。

图像识别是强项

哈萨比斯先生开发的 AlphaGo 究竟是一种什么样的人工智能呢？就让我在这里进行一下补充说明。

提到人工智能，恐怕有人会联想到科幻作品中常出现的巨型机器或机器人。但是，它的实际形态只是软件而已。与 AlphaGo 对局的时候，李世石面前摆放的不过是一台小小的个人电脑。

那么，这个软件是依靠怎样的算法来运行的呢？其根基正是所谓的深度学习。

所谓深度学习，简单来说就是一种让电脑"记住学习方法"的机制。比方说，我们想让人工智能认识我们喝水时会用到的水杯。于是，我们让人工智能识别不同的照片，告诉它"这个是水杯"，"那个不是水杯"。但是利用深度学习，人类就不必教授水杯具有怎样的特征，只要在人工智能判断照片的时候告诉它是对是错，它就能自己学到辨识方法（特征）。这就是深度学习的厉害之处。

用到画面的领域特别适合这种技术发挥作用，例如根据 X 光片来进行诊断。X 光片的画面涉及数万个精细特征，人类可能难以识别，但人工智能却可以。通过对不足 1 毫米大小的图像进行识别，人工智能就能够发现癌症早期的迹象或是血管的异常状态。

此外，在使用图像进行人脸识别的领域，人工智能也备受期待。例如，收集在某个公共场所的数台监控捕捉到的某个可疑人物的信息，并以此建立人物画像，就可以追查到其他地方的监控拍摄到的这个人。而且令人惊奇的是，就算是这个人的背影，人工智能也可以识别。

从上述例子来看，拥有这种超强识别能力的人工智能，将来甚至很可能会代替医生等需要高度专业知识的职业。

误差反向传播算法

在关于深度学习的段落中，羽生先生以传话游戏的比喻解释它的原理。在这里，我想向大家更详细地介绍一下这种算法。

人类的大脑在受到刺激后，脑内大量的神经细胞（神经元）会相互联系——增强或减弱联系——来进行信息的传递和处理。而且，神经元的联系并非一对一，而是多对多。也就是说，神经元的出入口都是由复数个通路连接的，是一个名副其实的网络。

例如，电子信号通过多个通路进入一个神经元，该信号的合计数量超过一定的数值（阈值）后，神经元就会兴奋起来，将信号传给另一个神经元。如果无法超过该阈值，神经元就不会传输信息，信息的传递就会停止。此外，从某个神经元的输入结合度会很高，电子信号强度也很高，但来自其他神经元的输入信号则不是这样——这是神经元根据经验形成（学习）的一种"权重"，用以调节信号通度的难易度。

支撑深度学习的神经网络，正是根据人类大脑的网络结构获得的灵感。例如，让人工智能识别手写的日文平假名"あ"。因为是手写体，所以不同的人写出的文字形状各不相同，有些会被人工智能识别成"あ"，有些则可能会被误认为是日文平假名"め"。这时候，我们就可以认为是网络的某处出了问题。"逆推"神经回路究竟是在哪个地方产生了较大误差后，调整相关结合处的"权重"来修改信息通过的难易度（其中也包括了权重设置为零，停止传递信息），说不定人工智能就能顺利地进行识别了。就像羽生先生在说明中用的传话游戏的比方一样，当发生误传的时候，就去寻找源头，去除传错话的人，并让游戏重新开始。

发生识别错误时，从结果回溯逆推，即让信号逆流，自动地改变可能有问题的节点的"权重"。这样重复若干次之后，识别的精度就会提高。这就是误差反向传播算法，对此加以优化，就是深度学习了。

AlphaGo 分析棋步有两个阶段

除了深度学习，AlphaGo 还采用了能够减少下一手预判量的算法。这正是羽生先生在前文中所说的"策略网络"。

哈萨比斯先生——同时也是一位国际象棋选手——将这种"筛选"的算法编入了 AlphaGo，而且还将其分为两个阶段。第一个阶段是筛选出下一步的范围（value network，价值网络）；第二个阶段是根据不同的局势，判断应该预读到接下来的第几步（策略网络），以此来控制计算的深度，从最少的必要深度中，选出现阶段的最佳下法。

不过对于计算机专家来说，这种算法本身并不是一个很难的东西。使用蒙特—卡罗法的模拟实验和数值计算，就可以算出随着局面增加的各个下法（二叉探索树）的胜率。蒙特—卡罗法早就出现在一些编程入门的书中，为人们所熟知。在胜率超过某个

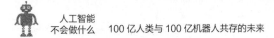
特定的数值之前，程序会不断地计算，而当胜率超过这个数值的
时候，计算就会停止。人们就可以大致确定，"试试这样做，应
该会很顺利"。

这种办法听起来仿佛很随意，但是如果能够像这样排除那些
无谓的战略，电脑就可以对有价值的战略进行彻底的深度思考。
因此从某种意义上，可以说现在的人工智能的智慧已经从本质上
逼近专业棋手的智慧了。而羽生先生早就对人工智能持有这种观
点，他的分析能力可见一斑。

GPU 与 IoT

深度学习技术的进步令人瞩目，但其概念却并不新颖，实际
上在 30 年前就已经诞生。只不过这种算法需要对庞大的数据进行
并行计算，而当时可以支持这种计算的硬件还不存在。随着计算
机的发展，深度学习的计算在如今终于成为了可能。

使计算机的图像处理和运算处理速度提升成为可能的硬件是
GPU（graphics processing unit，图形处理器）。它的开发公
司英伟达（NVIDIA）近年来在半导体制造方面的业绩正在迅速提
升，这也正象征着深度学习技术的发展进步。

深度学习技术发展的另一个重要原因，是互联网与 IoT
（Internet of Things，物联网）的出现。

五六个数据还不足以让人工智能利用深度学习来判断正误，深度学习需要的是数以千万计的数据。

在以前的条件下，存在如此大量数据的领域极其有限，但随着互联网和物联网设备的出现，状况发生了改变。物联网是指世界上的各种设备都拥有通信功能，可以互相通信并连接互联网的一种结构。通过这种结构，可以实现自动识别、自动防御、远程测量等功能。它甚至可以将我们的发言、拍摄的照片又或是动作和心率都数据化，并发送给第三方。虽然在个人隐私方面，物联网的使用还存在争议，但它也是人工智能能够发展到今天并利用大量数据的重要原因之一。

全世界的研究者 vs 羽生善治

关于羽生先生与节目制作的一些相关的事情，我想再写几句。

在邀请羽生先生担任这次特别节目的记者的时候，他正忙于比赛。对于他能否参与海外采访，我们心里七上八下的。可是我们一开口，他马上就答应了。因为这个节目需要与众多的人工智能领域的研究者进行对话，早就对人工智能抱有强烈兴趣的羽生先生马上就答应说："见与闻是大不相同的两回事。如果可以一起进行采访的话，请务必带上我。"

于是我们定期联系，一边向羽生先生报告制作组的采访情况，

一边争取到了他在头衔战期间的仅有的一些空档，最终确定于2016年2月进行海外采访，同年3月进行国内采访。

与羽生先生一起采访，总是会发生令人惊奇的事件。

例如，哈萨比斯先生特意带上了自己的对局计时器，与他下国际象棋。又例如，对软银（Softbank）开发的机器人Pepper进行采访的时候（参见第三章），几乎从不接受电视台单独采访的孙正义总裁，居然穿着日常服装出现在了采访现场。

这是因为全世界研究人工智能的研究者们，对代表现代最高智慧的羽生善治在人工智能方面的看法，充满了兴趣吧？说起来，哈萨比斯先生原本就是羽生先生的棋迷。

在我们从一个地方到另一个地方的移动过程中，羽生先生也常常阅读相关的采访资料。在海外的采访中，他有时还会在英语采访中用到一些专业词汇。他不仅能够跟上对方发言的思路，还能就此提出敏锐的问题。哈萨比斯先生有一句话令人印象深刻，他说："人工智能很容易驾驭音乐等数学性的领域。"这正是羽生先生与他展开激烈论战的成果（参见第三章）。同样，孙正义总裁也因为自己与羽生先生的对话而深有感触。

无论何时都能够毫无偏见地、变通地进行思考，这种态度也体现在羽生先生所下的将棋中。我们的节目，正是羽生先生的思考与其灵活变通的感受性相结合的产物。

02

人类所具备的独一无二的特质
——审美

机器人能在陌生人家里泡咖啡吗

第一章中，我像记流水账一样写下了我对人工智能的一些看法。

高度发展的人工智能问世，并不单单意味着这个世界出现了超越人类智慧的事物。现在的人工智能还有着明显拿手的领域和不擅长的领域，还不是万能的。不仅如此，有些人类可以轻轻松松就做到的事，人工智能却完全做不到。

比如说，在陌生人家里泡咖啡这种事，对于任何一个人类来说都不算是很难的事吧？一个家里哪里大概会有咖啡豆，哪里可能有杯子和滤纸，该在哪里烧开水——这些对于人类来说，都会有大概的猜测范围，很容易就能办到。

但对于智能机器人来说，就不是这么简单了。在陌生的地方，单是要寻找咖啡豆，机器人就必须面对无数种可能的放置地点，找起来比人类要费劲儿多了。虽然智能机器人可以在一瞬间搞定

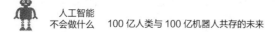
几十万位的运算，但却做不到这么简单的事情。

　　话虽如此，人工智能在社会中不断获得应用也是事实，人类要在生活中毫不受此影响，应该也是很难办到的。因此就像我在第一章所提到的那样，我们必须以人工智能的判断并非绝对准确为前提，思考如何更好地来使用人工智能。

　　在面对这个问题时，我们首先要对人类的思考与人工智能的思考有何不同，进行认知和了解。

　　在这一章里，我们要对这二者进行具体的比较。首先我们来讲一下，将棋的棋手究竟是依靠怎样的机制来决定自己的棋步的，我将以自身的经验为例来说明。我希望能在此基础上，明确人工智能与人类之间的异同。

棋手可以预估多少步？

　　对局中，棋手在思考棋步时大致可以分为三个步骤。

　　隔着棋盘相向而坐的棋手，在对方走出一着之后，首先会利用直觉，进行大致的判断。

　　经常有记者在采访的时候问我"可以预估多少步"，这个问题其实很难回答。这是因为棋手本身很少会去数步数。实际上，我们并没有事先预估很多的步数，而是通过直觉，先将可行的棋步范围缩小。

人们常说，将棋的每个局面平均有 80 种下法。但是我们可以根据"这里不是中心，这里现在不重要"等考虑将这么多方案一下子缩小到两三种。这就像是用照相机拍照时对准焦点一样，瞄准"问题的中心"来思考，棋手从一开始就不会考虑其他的可能性。如果要将所有可能性都梳理一遍，会花很长时间。

也就是说，与从零开始一点一点思考相比，先找到大概的方向，再进行理性思考，反而会更早得出答案。

不过，这里说的直觉并不是胡乱猜测。如果硬要用语言来描述这种感觉，它应该属于"经验与学习的成果在瞬间的作用"；或者说，它是一种能够大致指出"现在自己在哪里，应该往哪个方向前进"的指南针。这是棋手经过长期训练积累所获取的技能。

大局观的奥秘

像这样筛选了下法之后，就进入了预判环节。这是第二个步骤。

在这一步，棋手要预测对方下一步的走法，以及自己回应之后对方的下一步走法……总之，尽可能地去预测和模拟接下来的走势。

但到了这一步，我们会遇到计算量呈现出爆发式增长的问题，毕竟，下法的可能性的数量，是每一步下法的可能性数量不断相乘的结果。例如，这一步我考虑到 3 种下法，而每一种下法对方都有 3 种方法来对应，这时候，我就要考虑 9 种可能性。这样的预测持续到第 10 步的时候，计算量就是 10 个 3 相乘的结果，也就是说，棋手会陷入不得不分析近 6 万种可能性的窘境。

当然，对于人工智能来说，这点计算量不过是眨眼的功夫。但对于人类来说，全部计算却是不现实的。尽管我们可以使用直觉来缩小可能的范围，但要预测接下来的 10 步，这种困难也是超乎常人想象的。

在这里需要用上的，就是第三个步骤——大局观。这一步的关键就在于不能"只见树木不见森林"，而是要着眼全局。

因此，从具体的某一步挪开目光十分重要。就是说，要特意避开对"这个飞车是动还是不动呢"这类具体下法的分析，而是要着眼于从开局到终局的流程进行战略性的思考。

大局观的优点如同第一个步骤直觉一样，可以让你跳过很多无意义的思考。如果能看透大局，那么只要认为"这是个好机会"，就可以从千万种下法中只筛选出"攻击选项"，提高效率和效果。

从计算能力到经验值

在大局观这一步，棋手必须充分运用以往对局所获得的经验。

回顾我的将棋生涯，从十几岁到二十几岁的时候，自己主要是依靠记忆力和计算力来进行对局的。在整体思考的流程中，当时的我会特别倚重算步时的计算能力。

而且由于年轻时的记忆力很好，又很有干劲，就能够冒险。虽然经验不足，但可以采用所谓的聚焦优势来取长补短。

瞬间爆发力会随着年龄发生变化。实际上，如果必须在 10 秒内决定下一步怎么走的话，我年轻的时候说不定会比现在下得更好。

成为专业棋手已经 30 年，现在四十多岁的我，如果与当年二十几岁的我对局，虽不知鹿死谁手，但一定会下出一盘精彩的好棋。

这是因为，四十几岁的我通过经验累积，大局观要强于年轻时代。

在思考下一步的时候，四十几岁的我与二三十岁的我看法会不同。虽说流程依旧是先以直觉把握局面的大致方向，然后以逻辑分析细节进行预判，但在大局观方面，四十多岁的我花费的精力明显更多。

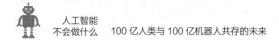

年轻的时候，我每当在预判过程中发现此路不通，就会返回原点重新计算。因为体力好、劲道足，所以还可以应付。

当上了年纪，体力就很难支持我这样做了，况且在错误的道路上思考是浪费时间。现在的我由于在最初阶段就"做出了断"，反而节约了很多的体力和时间。

不过，这个能力在实战中能否顺利应用，就是另外一回事了。所以最近我总是在对局最开始就考虑如何将局面拉到自己可以活用经验的情势下，并将其作为我的战略。

也就是说，在对局中如果有经验的棋手能像"油门与刹车的细微加减"一样完美地活用感观来对战的话，就能够凌驾于体力、记忆力和气势更胜一筹的年轻棋手之上。

直觉、预判和大局观，棋手在对局中正是用了这三种方法来思考的。

这样一来，30分钟左右棋手就能选好下法。当然在对局中，也有棋手经常会花一两个小时对下法进行思考分析，那是为了选出最佳下法。

但是，花费的时间多并不意味着选出的下法就越好，这一点是最难的。举例来说，迄今为止我对一步棋思考的最长时间是4个小时左右，可现在回想起来，就算只花五秒钟，我还是会选择那样下的。

将棋适合做减法

将棋中很有趣的一点是，棋手在思考的时候，最重要的就是尽可能地削减没有意义的棋步，也就是做减法。

而且，将棋可能比其他的棋牌游戏更需要减法思考。因为在将棋的很多局面中，轮到自己时"什么都不做"，往往才是最佳策略。

这一点与围棋有着很大差异。

与戴密斯·哈萨比斯先生对话的时候，热爱思维竞技游戏的哈萨比斯先生对围棋的特征进行了这样的概括："落在哪里都好的棋步非常多。"

实际上，在日本围棋界有个词叫"一局棋"，也就是说，就算真正正确的下法只有一种，棋手也可以有无数种选择。第一步就落在星[1]上也可以，落在小目[2]上也可以，落在三三[3]也没问题。当然，按照 AlphaGo 那样的软件提示的落子位置可能非常好，但

---

[1]　星：从棋盘外侧开始数第四根线与中线相互交叉的所有的点。19 根线的棋盘上一共 9 颗星，被标记成黑点。——作者注

[2]　小目：从棋盘外侧开始数，第三根线与第四根线交叉的所有点。——作者注

[3]　三三：从棋盘外侧开始数，第三根线与第三根线交叉的所有点。——作者注

那也只是可选位置的一部分而已。

反过来说，在围棋中鲜有"这个位置以外的落子都是扣一千分的坏棋"这种情况。也就是说，围棋中就算落子失误，也不一定会有非常大的影响。

然而将棋的情况则相反，常有"这步以外的下法都是扣一千分的坏棋"。

所以想要在将棋方面变强，最重要的是什么呢？如果问我的话，我会回答："瞬间判断出下哪步是错的。"因为，无论棋手能预判多少步，只要其中有一步算错，之后的算步就都是浪费时间了。也就是说，在将棋中，最佳棋步和次佳棋步有很大差别。

图形识别能力是关键

所谓"瞬间判断出下哪步是错的"，就得依靠我在直觉和大局观的部分中写到的，通过多次对局累积的经验。那么对于人类来说，什么样的经验更容易累积呢？换句话说，怎样的经验可以让人更加记忆深刻呢？

在这里举个例子吧。

想要记住刚了解将棋规则的人的对局，是非常困难的。因为他们常常不按常理下棋，棋局的形势也乱七八糟，所以旁观者很难对局面进行正确的评价和认识，也很难记住。

将棋与其他棋牌游戏一样，是一种必须拥有图形识别能力的游戏。棋子的配置可以形成具有不同特征的图形，棋手是否能够清楚地明白这些图形的优劣，与他们的棋力强弱紧密相关。

另一方面，专业棋手的棋局则由于井然有序而十分好记。在我的理解中，这里所谓的井然有序，就是指与基本形相近。与基本形越相似，人们就越容易对其进行识别。所以，过去出现过的局势或一看就觉得眼熟的局势，就更容易记住。无论从形状方面还是逻辑方面，都是如此。

将问题进一步深化——为什么接近基本形的局势更容易被记住呢？因为棋手总是会通过大致的情形把握局势，将布子简化来对盘面进行记忆。

实际上，面对专业棋手的棋局，我可以在5秒内记住40枚棋子的配置情况，但是如果棋子是随机放置的，我就很难记住了。对此我曾经做过试验，测了10次，每次都无法全部记住。随机就是这么难以记忆。

此外，在将棋中将审美与算步相结合，就能更加高效地舍弃错误的棋步。

因为当形状与基本形相差很多，很难记忆的时候，棋手就会有微妙的不协调感。大家在看书的时候，应该也遇到过虽然语法

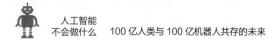

没问题，但节奏或表达方式让人总觉得有哪里不舒服的文章吧？

虽然在规则上没有问题，但让人很难接受，有不协调感、抵触感——这时候，就算自认为是"这是步妙棋"，棋手也不会这样走。

相反，也会有觉得"这步漂亮"的时候。通常来说，这样走之后，在接下来的对弈中我们往往会发现这是一步有序有理的好棋。

我认为，棋手在选择下一步的时候，就等同于是在磨练自己的审美。能否感受到妙招之美，是判断棋手是否拥有将棋才能的关键。能够将这种审美磨练到何种地步，关系着将棋棋力的强弱。

为什么人类可以通过直觉，一下子舍弃90%左右的棋步，并用大局观来限制预判的方向呢？

要进行如此大规模的取舍，核心就在于审美。如果棋形不够美，棋手就很难在准确的范围内进行算步。

100万局，3000万步

与此相对，使用了电脑和人工智能的将棋软件，又是如何进行下一步选择的呢？

如同之后会展开叙述的那样，虽然最近有些软件也采用了不同的方式（这是很重要的），但最大的特征依旧是进行人类无法比拟的大量计算，对盘面的各种可能性进行预判和分析。

将棋软件选择的关键，是第一章中介绍的大数据与硬件的进步。

例如在国际象棋界，早在 1997 年，IBM 开发的深蓝就打败了当时的世界冠军。深蓝获胜的关键在于国际象棋一直以来就有记录棋局的习惯。就算是业余选手的棋谱，也有很多存档。

据说，当时深蓝的数据库中有多达 100 万局的棋谱档案。不仅如此，它还配有 1 秒钟可以分析 2 亿步的硬件。此外，残局——接近终局时盘面上棋子越来越少的局面——的完整棋谱也发挥了很大的作用。庞大的棋谱数据与计算能力相结合，使得在软件算法还不是很成熟的 20 年前，电脑可以战胜人类。

从根本上来说，AlphaGo 的能力与深蓝的是一个道理。

AlphaGo 的基础部分，是通过网上 15 万局左右的人类棋谱学习得到的。据说，它通过这种方法学习了近 3000 万手的局面和棋步，又通过与自己对局，收集到了在统计学上可以信赖的数据信息，从而变得更加强大。AlphaGo 与自己的对局数量高达 100 万局，如果让人类来下，要花一千多年才可能实现。

要完成 100 万局，大家可能会认为这是非常荒唐的一件事（对于人类来说确实如此），但是在 AlphaGo 之间，恐怕 10 秒之内就能下完一盘。所以如果采用 DeepMind 公司能够进行高速运算的电脑，100 万局应该是花不了多少时间的。

将棋程序也是如此。如同第一章中所介绍的那样，国际象棋程序也可以将搜索算步的 Stockfish 运用于算法，可以与其他电脑以 1 秒 1 局、10 秒 1 局的速度，进行大量练习。

开源推动进化

像那样进行算步之后，接下来就到了选择最佳棋步的环节。如果是人类，自然可以依靠大局观来进行筛选。而电脑在进行择优的时候，就要用到评价函数这个评价局面的算法。

对于将棋软件来说，评价函数的正确程度是十分重要的，我听说，有些程序甚至会设置 300 多种评价指标。

2005 年发布的将棋软件 Bonanza 对于评价函数的发展有非常关键的影响。在 Bonanza 发布之前，将棋软件的水平一直停留在业余五段左右的水平，无法进步，而最近，它已经有了惊人的发展。

这不仅是由于新出现的评价函数的算法很厉害，很大部分程度上也是多亏了开源这种无偿公开程序代码的行为。

这种行为有多厉害呢？这就好像是世界上同时存在着很多个可以投出 160 公里 / 秒高速球的职业棒球手大谷翔平——当然，现实生活中只有一位大谷翔平，但开源的程序却让人想复制多少就能有多少。而且，人们还能随心所欲地将这种能力进行优化改良。当所有的棒球队都有大谷选手的时候，以前算得上是王牌的选手，可能就不一定会被选进首发阵容了（虽然说绝大多数的复制程序会比原本的程序弱一点）。

从 10 年前开始，收费的将棋软件就基本卖不出去了，因为免费的将棋程序实在是太强了，付费版根本没有市场。

但是，免费也助长了将棋程序的开发者们对将棋软件进行开发改造的热情。这种惊人的热情，促使他们互相切磋琢磨，对程序不断细化修改，这才使得将棋软件以令人惊异的速度成长、变强。

如何获得审美

总结一下本章前几部分讲的内容：人类下棋时，是以直觉、预判和大局观这三个步骤来进行筛选和判断的，而人工智能则通过强大的计算能力进行预判，最后再用评价函数来选出最佳下法。

在这里，人类拥有而人工智能欠缺的，就是在筛选下一步时缩小范围的过程——用直觉感到"大概就是这个样子的"。棋手是依靠审美来缩小范围的，但人工智能却没有类似审美的能力。

这是为什么呢？

我认为，这与人工智能没有恐惧心有关。

第一章中我们曾提到，人工智能只是以过去的数据为基础，计算出最佳答案。因此，对于一些人类思考的盲点，人工智能也可以"无所畏惧"地提出来。当我们看到答案的时候，有时会震惊于它为何会选择如此危险的对策。

这种人类思考的盲点或死角，似乎是我们与生俱来的防卫本能或者说生存本能造成的。人类为了生存下去，会习惯性地把危险的想法从思考范围内排除出去。

之前已经反复提到，棋手利用审美来筛选下一步时，之所以感到美，其实是因为眼前的棋形接近于看惯了的基本形。

我想，人类的审美意识，应该是接近于安心、安定这一类的感觉的。所以，当察觉局势蕴含危险的时候，人们就会感到不安、不协调，无论这步棋看起来有多妙，也不会使用。

审美可能是人类在漫长的生存史中获得的本能。但是，拥有审美，对于人类来说亦喜亦忧，既是优势又是弱点。

因为，人类所认为的臭棋，在经过深度学习的人工智能看来可能是妙招。而将棋的棋局中有着庞大的可能性，我们的审美无法认知的地方，可能隐藏着胜算更大的选项。

这导致人类棋手所能见到的，只是将棋的一部分可能性，从全局来看，这种看法可以说被局限于十分狭隘的视野之中。

通过这片狭小的视野，我们根据自身经验培养出的审美感受到不合逻辑、形状不好等直觉或大局观。但在我们不了解的世界里，可能还存在非常高妙的对策。

也就是说，人类的思考被审美所限制，选项自然地减少了。所以我认为，仅就这一点来说，将棋软件和人工智能存在的意义也是非常巨大的。

不过，一旦到了将人工智能运用于社会的阶段，人类是否能接受人工智能的判断，就成了一个很现实的问题。想要战胜审美意识，毕竟是非常难的。

无论是多么正确的选择，人们还是从生理上就不想采用，这种情况不仅将棋棋手常常经历，围棋或国际象棋的棋手应该也会经常遇到。一旦关系到社会伦理和礼仪等方面，这种矛盾恐怕会成为更加严重的问题。

我曾经半开玩笑地表示："当无所畏惧的人工智能拥有了恐惧心，才是真正可怕的。"因为那样一来，人类就对人工智能的真实想法一无所知了。

与将棋软件对局的策略

既然人工智能拥有与人类感性截然相反的一面，那么，我们应该如何面对它呢？

偶尔我会碰到有人问："与电脑下棋开心吗？"但认为"比与人下象棋无趣"的，应该不只有我，恐怕是大多数人的想法吧。实际上，我从来没听说过有棋手会以与电脑下棋为消遣，这种事在我看来，算不得是休闲娱乐。

拿可以让将棋软件自由对战的网站 floodgate 来说吧，虽然人类也可以在这个网站上与将棋软件对局，但实际上很少真的有人类参加。这个网站基本上已经成为了将棋软件互搏的场所，如果有人类参加，反而会被认为是不合常理。

人类的对局与电脑的对局，原本就是相差甚远的游戏。

如果对局的两个人是人类，那么当对手出招之后，一方会将他的性格特点与盘面整合，思考"这个人如果这样下，假设五步之后变成这样，那之后就会变成这样吧"，这是非常有趣的。但如果对手换成了人工智能，又会是怎样的情形呢？

这时候人类棋手的思考方式，就同与人对战时大不相同了。

拿现在的电王战规则来说，棋手可以先把对战软件借出来，在正式对战之前用它进行练习和分析。与借来的软件不断对局，不断分析，就可以预测这个程序会选择某一些下法的几率，并在面对不同的局面时，确立相应的对策。不过，软件采用了随机数字，所以完全预测出来是不可能的，然而对局只有一次（先后手各一局），准不准就只能看当天的运气了。是否能将局面带到胜算较高的状况，基本看运气——这就是人类与将棋软件对战时的对策。

这种练习和分析方式，与其说是下将棋，不如说是在规定时间内尽可能地在资源中找到程序的特征和漏洞。

有棋手甚至研究到棋局的第 100 手，但他们也只能一个劲儿地研究如何预测分歧点时电脑会采取的下法的概率。这种研究方法，就是通过下 1000 局甚至 10000 局来尽量记得"这种时候，80% 会这么下，20% 会那么下。面对 80% 的那步如果这样应对，电脑有40% 的可能性会这样还击，60% 的可能性会那样还击……"如果不尝试这么多局，这种统计数据就毫无意义可言。

人类就只能像这样，漫无止境地重复探寻各种下法的可能性和分歧点，选出软件评价值高的下法。

这样的研究会不断进行，直到对局那天。到最后，棋手甚至会怀疑自己到底是不是在研究将棋。没有共同的理解平台，双方要在这种思维竞技中感受到快乐是非常难的。

顺便提一句，我曾听到一位参加电王战的棋手说："电费超高，简直受不了。"这点也确实令人唏嘘。

水平线效应与每况愈下

不过，今后人工智能真正在社会中得到应用的时候，对其工作状态进行严格的验证，确保其不会有故障，提升其"健康度"，将是一项十分重要的工作。

当人工智能机器人被导入到社会生活中时，为了确认它真的没问题，真的对人类无害，事先进行各种检查认证，先行掌握人工智能的优势和弱点，是非常重要的。

在这个层面上，将棋程序与棋手的对局，也许还有着未来社会模拟实验这样一层意义吧。

举例来说，现阶段人工智能的课题中，有一个问题叫做水平线效应（horizon effect）。

简单说明的话，就是说人工智能有"将问题延后"的习惯。例如，如果程序能预判后20手，就会发现现在这个下法是负1000分的臭棋，但对于只能判断后10手的程序来说，这个问题在水平线的另一头，所以程序就会毫不犹豫地选择眼前看起来只是负10分的棋步（看起来损失更小）。从结果上来看，这种下法就是把问题拖延到后面，尽量地选择拖延战败时间。

在AlphaGo的对局中，李世石唯一获胜了一局，恐怕也是由于这个缘故。这种水平线效应对于电脑程序来说，很可能是致命的弱点。

有一个词叫每况愈下，水平线效应正意味着人工智能故意选择了这样的未来。对于我来说，如果"下这里还能再持续 50 手，但却没什么胜算"，那么我可能会冒着在 10 手后被将死的危险，选择有获胜机会的下法。

这种水平线效应，还涉及人工智能应该如何把握认输时机和方式等问题。在将棋和围棋的对局中，判断自己毫无胜算并认输，实在是一种非常像人类的行为。

当然，我们可以将软件设置为超过评价系数的一定值时投子认输，但这并不等同于本质意义上的认输，让软件深刻地认识到几乎没有赢的机会，承认自身的失败，是非常困难的。

不过即使对人类来说，要用长远的目光对某样事物的利弊进行判断，也是非常困难的一件事。

有这样一种说法，国际象棋的软件如果突然下了一步看起来对自身来说不利的棋步，这时候人类就会比较容易犯错。这是一种非常经典的技法，大约三四十年前就被发现了。据说，打败了国际象棋冠军卡斯帕罗夫的深蓝中，也包括了这种程序。也就是说，也有一种程序专门利用水平线效应，诱导人类棋手失误。

人类也好，人工智能也罢，都有犯错的可能。我们可以理解人类犯下某种程度的失误；但同时，我们很可能会过分相信电脑的能力，误以为人工智能绝对不会犯错。

每天练习解残局

我已经根据自己的理解，解释了人工智能与人类的思考过程的区别。在这个基础上，我们来思考一下人类与人工智能今后要如何相处吧。

首先要确认的一点是，人工智能通过深度学习获得的成果，人类是否也能学到。

也就是说，人类不仅要学习人工智能导出的结论，而且要通过这些结论认识到自身思考的盲点，改变自身的审美。

不过，这可能办到吗？

如今在将棋界发生的事情，也许可以作为参照。

说到底，将棋界极力宣传技术导入，并不是自人工智能诞生才开始的。在我成为棋手之后，就出现了电脑普及带来的棋谱数据化及利用网络进行在线对局这两项大型改革。

那么，在这之前的将棋界，是怎样一幅光景呢？回顾我刚开始接触将棋的小学时代，当时的我一直只能靠自己钻研罢了。当然，那时候既没有数据库，也没有互联网。所以，当时的我几乎每天都在练习解残局。

日本江户时代成书的《将棋图巧》，是一本集结了经典残局的书。书中的 100 道题都非常难解，甚至有些题解开一道要花个一个月左右。

残局题与实战不同，某种意义上是作为消遣鉴赏被创作出来的。虽然是古人创作的问题，艺术性却很高。被这种美所俘获，也是我能够一个人埋头解题的原因之一。

另外，江户时代的将棋界基本采用宗家制度，它与茶道、花道一样，是世袭制的，家主的位置代代相传。家主最重要的工作就是每年一次在将军面前表演其技艺。据说，集结一门之力来创作残局题，并献给将军，在当年也是家主的工作目标之一。

形成现在这种以对局为中心的将棋文化，其实是最近的事。这样一想，可以说在互联网和人工智能登场之前，将棋就已经在跟着时代转变了。

不过我觉得，解残局作为练习手段，就好像蛙跳训练之于体育界。解残局的训练主要也就是培养了持续思考的能力，并且可以学习和吸收残局作者的审美。

但是从提高将棋水平的观点来看，这种方法未必有效率。或者说，我当年所使用的学习法，可能在今后会变得毫无意义。我想，现在的年轻人可能已经放弃这种学习方式了。这就像是体育界的变化，除了注重与体能相关的锻炼之外，运动员还慢慢地开始注重营养管理。

之后，我虽然进入了将棋联盟培养专业棋手的奖励会，但将棋与工匠一样，是没有具体课程的。虽然有师父，但师父却不会手把手地教你，基本都要靠自学。不过，自学的环境是完备的。这就是将棋界的传统学习方式。

现代将棋的学习法

那么，数据库与互联网出现之后，将棋界又发生了怎样的变化呢？

其实没有多大变化。如果想看棋谱，人们还是可以在奖励会看到。虽然网上可以实时观看专业棋手的对局，但要怎样学习，却还是自己的事情。

在其他的领域，学习者通常会有教练、课程安排，或者可以根据值得信赖的教科书来进行训练。所以从某种意义上说，将棋界的发展是迟缓的。

只不过，基本靠自学这种风气并不意味着不利。

多亏这样的环境，数据库甫一出现，棋手们就尝试通过数据库来学习，当互联网出现时，人们又会思考要如何利用互联网来学习，产生了一种独立思考的文化。

其实在以前，将棋界也曾出现过轻视事前研究战略和下法的风气，认为这是不自信的表现。但是当数据库出现后，这种风气已经荡然无存。

随着互联网的出现，棋手们又开始在网上进行练习。这批棋手如今正处于年届三十的年龄层。

我本人是通过在奖励会的对局中不断进步而成为专业棋手的。而如今，通过在网上进行大量的对局而成为专业棋手的人，也已经有十几位了。其中还有人在网上进行过几千局对战。此人进入奖励会的时候，就已经有很强的实力了。

此外，信息的地域差别也变小了。

以前，很多居住在小地方的孩子虽然喜欢将棋，却无法提高实力。但现在由于有了在线对局，这些孩子在地理上的不利因素已经消失了。只要自己肯努力就会变强——从这个意义上说，将棋界变得更公平了。

不仅如此，从整体教育水平提升的意义上来说，在线对局能够相互对话这点也很重要。对弈者不仅对局后可以讨论，在对局中也可以进行对话，这意味着除了将棋练习之外，棋手还可以在对局中讨论"这里下得不错""这里有点奇怪"之类的，这是十分重要的。

可以阅览大量的棋谱数据，可以实时观看棋手的在线对局，可以在自己家进行对局训练。这些条件为大家提供了很容易融入个人习惯、也具备即时有效性的学习法。眼下，我们还有将棋软件可以作为新的学习选项。

随着技术不断发展，今后也许还会出现使用软件练习来变强的一代人。在这样的趋势中，我也一直关注着人工智能在将棋界的出现。

故事与数据库

接下来才进入正题。其实，不止是训练的方法，对将棋本身的认识，也随着技术的发展产生了很大的变化。

例如由于数据库的出现，我们想要回溯过去的棋谱时，不管多少都是可能的。

不过，记住历史，并不等同于有一个棋谱的数据库就好了。经常按时间回顾过去的棋谱，才能对自身的知识进行评判和整合，加深理解。

以经验和自己的思考为依据，数据的集合才会成为历史，组成故事。

曾经，人们将定势和棋形当成是故事来认知。棋手们会记忆这些故事如何产生、如何发展，又或者是通过共享"这一招在那个对策出来之后就被消解了"这样的轶闻，在实战中对这些对策进行活用。

将这种故事与定势相结合的好处很大。某种形的下法开始流行，再消亡，是一种必然规律。让人有印象的故事存在于脑海中，人们就可以据此在对局中找到对策："对了，还有这种下法。"

不过，由于数据库的出现，对局的环境已经发生了改变。在将棋研究会上，一旦出现了新的想法，棋手们马上就会开始研究相应的对策。

这样一来，"在那场对局中，这个定势第一次出现……"之类的故事，基本上已经不再有意义了。在官方对局的场外，新下法的讨论也在一直不断进行。

这种倾向在在线对局出现之后变得更为显著。例如，有一种说法叫"避免居玉"。所谓居玉，是指玉将（王将）从一开始就没动过的状态。虽说"玉要围起来"，但实际上，现在也有观点认为不围起来也可以形成有利的形势。这么多划时代的新下法不断产生，正是因为现在的棋手不被自古以来的定势或棋形所局限，进行各种挑战。

如果古代的棋手见识到了现代的将棋，恐怕会很惊讶吧。往昔的审美所没有的新下法不断出现，流行的下法变化之快，使人眼花缭乱，近代的将棋界与现代将棋界，就好像近代绘画之于现代美术。

审美并非一成不变

在这里，让我们再一次回到之前提到的"面对人工智能，人类能够改变自己的审美吗"这个问题上来。从某种意义上，我们已经得出了结论。

人类的审美本来就是在不断变化的，绝不是一成不变的。

我自己虽然一般来说不会回顾自己的棋谱，但偶尔见到了过去自己的棋谱时，有时候难免会觉得"啊，这个棋形当时觉得很美，现在怎么这么丑呢"，甚至觉得丑得难以接受。

不过，如果现在的我觉得10年前的自己很糟糕，那么10年之后的我很可能也会觉得现在的自己很糟糕吧？这样的瞬间会让我觉得，人类的审美的确是在不断变化的。

其实，这两年由人工智能创造出的新下法，已经对棋手的正式对局产生了影响，最显著的例子就是矢仓战法的锐减。

曾有这样的说法，"掌握矢仓就能称霸棋界"，因为矢仓战法是王道派必定会下的。由此可见，它经过了许多人长时间的研究和验证。但是，矢仓却无论如何都无法打败某个软件创造出的新下法。结果，棋手们现在对矢仓唯恐避之不及。这可谓是名副其实的人类被人工智能所影响，甚至改变了思考本身的典型事例。

关于"你能否战胜人工智能"的问题

目前为止，我们已经说明了，能基于审美来对选项进行大致范围筛选的人工智能尚未诞生。但是，在了解到最近的人工智能的动向之后，这种说法似乎有点站不住脚。

就像在第一章中提到的，AlphaGo 的神经网络和深度学习中，加入了"虽然不知道是否是最优解，但正确答案应该是这个方向"这种筛选下法的步骤。

我经常被人问到"你认为自己与人工智能对局能赢吗"这样的问题。每当这时，我就会想："将棋软件能够读取的数据库中，有我以前几乎所有的棋谱吧？"

这不就意味着，要与包括我在内的过去所有的棋手对峙吗？我想，这个问题相当于是问我："与所有的人类棋手对局，能赢吗？"这实在是个难以回答的问题啊。

我们也许可以这样说：人类在通过人工智能进行学习的同时，人工智能也在通过人类进行学习。

报告2

记忆与人工智能

目击羽生善治令人震惊的能力

在海外采访的过程中，羽生先生受到了各地将棋爱好者的盛情招待。其中最令我印象深刻的是在美国旧金山发生的一件事。那是一个有三十多人参加的聚会，男女老幼都有。羽生先生同时与三个孩子进行了将棋对局。

这种情况叫做"多面打"，常常在专业棋手参加的活动中出现。对于第一次见识这种场景的我来说，羽生先生仿佛化成了三个人，而且他还能配合对方的棋力下指导棋。最令我惊讶的是，三局结束之后，羽生先生还能把每一局的棋谱都记得清清楚楚，甚至能按照落子顺序进行讲解，指出在某一步怎样下会更好。

在对弈中，羽生先生不仅会思考当前局面中，下一步应该怎样应对，还会记得之前每一步是怎样走的，甚至还能指出对方如何落子才能胜利。他可以完完全全地追溯整个对弈过程，并找出改善的策略。这让我感受到，人与人之间的"记忆算法"在本质上具有很大的差距。

记录与记忆的差异

DeepMind 公司的戴密斯·哈萨比斯先生在接受我们的采访时曾表示，他接下来想要挑战的主题是"记忆"。目前为止，人工智能还无法将学习到的数据运用在其他场景中。因此，这些数据可以说是被覆盖，而不是被记住。

以表明亲族关系的家谱为例。我们人类就算是听说了家族中不同人的兄弟姐妹、祖父母或双亲的关系，也能够在脑海中将这些关系自动组合形成整个家谱，回答出上述随便两个人之间的关系。信息一旦进入脑中，大脑就能够进行有体系地整理，并据此做出新的判断。这种记忆的构成是人类独有的能力之一，但倘使人工智能也能具备，它就会拥有更强大的判断力。

对于将棋来说，记下某一个局面中各棋子的配置，可以被称为记录。但是棋手在看到棋子的配置之后，就会想起目前为止的棋路，或是想起相似场景下曾经思考过的相关信息，并据此思考下一步该怎么走。所以这与记录不同，应该属于记忆的范畴。

不仅棋手有这样的经历，我们其他人其实也是一样的。比方

说，考试前需要记住很多东西，在这个过程中，我们往往会同时记住曾经做错这道题时的场景，以及因为做错而觉得不应该的情绪。

此外，还有因为闻到某种气味而想起某件事，或是听到某个特定的乐曲而想到某个场景之类的例子。我们会不自觉地将性质完全不同的信息整合为完整的记忆。通过这些例子可以发现，现在我们人类所使用的记忆与人工智能的记录相比，涵盖面更广，是一种更深层次的东西。

逼近记忆的科学家们

其实，哈萨比斯先生已经迈出了关于记忆方面的算法开发的第一步。2016年10月，哈萨比斯先生的团队发布了他们新开发的可微分神经计算机（Differentiable Neural Computer，DNC）。这种计算机可以将分析好的信息先储存到神经网络外部的储存器里，再根据不同的状况，将必要的信息单独抽出来。这样一来，前面提到的家谱问题也可以用这种人工智能来简单解决了。人类的记忆由人脑中被称为海马体的部分来负责，DNC通过程序，再现了这一人脑组织的部分功能。

哈萨比斯先生一直在挑战对人脑进行数学解析这个难题。接受我们采访的时候他甚至表示："人类的智慧可以由电脑再现。"

他可以说是一位言出必行的实干家。

如今，在世界各地，解析人脑算法的研究都在加速进行。获得1987年诺贝尔生理学或医学奖的生物学家利根川进先生也是相关项目的研究者之一。2016年3月，他所在的研究组发表了一个令世界瞩目的研究结果——该团队成功地使用人为方法，恢复了患有阿兹海默症的小白鼠失去的记忆。

利根川先生在报告中表示："阿兹海默症患者可能并非丧失了记忆，而是无法将记忆唤醒。"如果继续推进这项研究，也许人类脑中消极沉睡的记忆也会被置换为积极的。2016年9月，利根川先生的团队还发表了关于其他个体记忆（社会性记忆）结果的报告。报告提出，在"谁、何时、在哪、做了什么"这些信息中，"谁"这部分的记忆，是由海马体中的某个特定部分的细胞集合记录的。

为了用数学来解释人脑，研究者必须精确细致地了解人脑的算法究竟是怎样的。可以预见，这些不断积累的人脑研究的成果，将会在人工智能的开发方面得到运用。

创作"故事"的能力

在人工智能领域，还有其他一些需要时间来解决的问题。羽生先生在采访中曾向哈萨比斯先生提问："有哪些事是人工智能

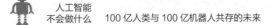
做不到的呢？"

　　哈萨比斯先生回答道："曾经有人问我机器能否写出精彩的小说，我认为，这是很难实现的。因为精彩的小说来源于人类的生活，人类写出的文字才可以引起读者的共鸣。要做需要丰富的创造力的工作，对于机械来说也许太难了吧？"

　　哈萨比斯先生认为，只要脑是一个物理系统，其内部逻辑和现象在理论上就可以被电脑完全模仿。但包含意识的"心"却是谜团重重、难以解析的。要创作出小说那样需要共鸣的东西，必须要有"心"才行，所以这种工作对于机械来说很难实现。

　　人工智能会写故事吗？在日本，有一种独特的探讨和摸索正在进行，那就是尝试用人工智能创作科幻作家星新一式的微型小说。

　　2016 年 1 月，由人工智能生成的小说竟然部分通过了星新一奖的初审，相关人士都对此表示震惊。人工智能参赛的笔名是"我是反复无常的人工智能项目作家哟"。该项目的幕后推手是公立函馆未来大学的松原仁先生。

　　项目组为了写出星新一风格的作品，让人工智能解析了 1000 部作品。人工智能围绕着常用措辞、文章长度、故事推进节奏等方面进行了学习，并生成了各种各样的故事。只要输入何时、何地、谁等大约 60 个预先设定元素，人工智能就能够自动生成文章了。

人工智能投稿的作品中正好有一篇《电脑开始创作小说之日》。这部作品的开头是这样写的：

"那一天，云层低垂，天气阴沉沉的。房间总是被设置成最合适的温度与湿度。洋子衣着邋遢地坐在沙发里，百无聊赖地打着游戏来消磨时间。"

在这里，"云层低垂""百无聊赖""消磨时间"这些词表现出了人无精打采的情绪，而据说这些词都是人工智能选择的。

此外，故事在描述了人类不再使用的、有了空闲时间的电脑埋头于小说创作的样子之后，是这样结尾的："这是电脑开始创作小说之日，它放弃了为人类服务，开始以追求自己的兴趣为优先。"

实际上，这篇文章是人类从人工智能生成的大量作品中挑选出来的相对优秀的作品。按照松原先生的说法，这篇小说"八成靠人，两成靠人工智能"。不过他也表示自己通过这件事发现，曾经认定的人工智能的"不可能"，其实是有可能实现的。他还表示，开发可以自由操纵语言的人工智能，可以加深我们对人类创作活动原理的理解，因此他对今后的开发也充满了热情。

就像哈萨比斯先生说的那样，想要创作出可以打动人心的故事，比我们想象的要难得多。但是如果那些以了解人类为目标的研究进一步取得成果，用人工智能再现相同的事物也许是可能的。

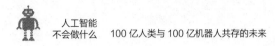

有生之年，我们也许会亲眼目睹这样的人工智能诞生于世——以记忆为源泉，以语言为工具，能够创造出故事。

03

接近人类的人工智能
——感情、伦理、创造性

人工智能会不会招待客人

到第二章为止，我们都在比较人类与人工智能的差异。从第三章开始，我们来稍微调整一下话题的方向。

第一章中，我们讲到未来学学者雷·库兹韦尔所提倡的奇点：总有一天，人工智能会具有超越人类的智慧，而到那时，所有的劳动都会被机械所代替。这类话题常常会出现在与人工智能相关的演讲或是对谈中，很多书里也会提到。在这一章里，我也将例举电脑将棋与AlphaGo的例子，探讨我们应该如何面对人工智能。

不过，人工智能的研究还有另外一个方向，那就是接近人类。进一步来说，就是开发像人一样的人工智能。

例如，日本北陆先端科学技术大学院大学中，有一位名为饭田弘之的研究者正在进行将棋软件的研究。他原本是一名职业棋手，出于个人兴趣，选择了陪客将棋软件作为自己的研究课题之一。

这种将棋软件与以获胜为目的、尽可能地想办法下赢人类的将棋软件完全不同。它更致力于陪伴人类，考虑对方的感受，并在不使对方察觉的情况下调整自己的棋力，直至在对局的最后完美地输给对方，就和人类的陪客高尔夫一般。

饭田先生在这方面已经投入了10年以上的时间，可是开发的进程却不甚理想。至少，这款人工智能还没有达到能让饭田先生自己认为"很妙"的程度。

这种陪客将棋软件开发困难的原因之一，在于陪客这一行动是非常人性化的。就像我们在上一章里提到的，人工智能与电脑的思维模式与人类大相径庭，我们完全无法推测他们是怎么想的。

当然，不同的人个性也各不相同，无法完全推测。但人类毕竟拥有审美和直觉等共通的认知基础。如果没有这些基础的话，难免会有很多无法相容的状况发生。

不仅如此，陪客将棋意味着棋手本能获胜，却要不露声色地输给对手。这种事对于人类来说也是十分困难的，要让电脑程序达到这样的目的，更可谓难上加难。

顺便提一下，以前我曾跟随一位老师学习过围棋。那位老师能够清楚地看穿我的下法，同时一直在对局中保持着只胜我一两目的优势，对我进行指导。

面对业余选手拙劣的棋步，不断调整使自己险胜，这种技术的难度非常高。这位老师在教初段的我时只胜一两目，在面对四五段的学生时恐怕也只胜一两目。

我自己在指导小学生下将棋的时候，也会采取类似的方法。不是单纯地输给对方，而是为了让对方学到攻击的基本形等知识，想方设法诱导棋局的走向。像这样在了解对手实力的前提下加以指导，对于现阶段的人工智能来说还是太难了一点。

简而言之，"陪客"这件事过于"人性化"，它的难度很可能远远超出了我们人类的想象。

因此，即便人工智能可以代替人类接管各种工作，像陪客高尔夫这样的工作恐怕还是得由人类来做，无法完全消失。一边说着"就差一点儿！""哎呀，好球呐！"之类的恭维话，一边以毫厘之差输给对方——在这类技艺上，人类还是远胜于电脑的。

孙正义的愿景

致力于研究陪客这类困难课题的研究者，并不止饭田先生一位。

在 NHK 特别节目中，我们对好几个向这类方向挑战的人工智能研究开发的现场进行了采访，其中，我们也遇到了软银开发的机器人 Pepper。

　　Pepper 是一种被设计为人型的机器人，于 2015 年 6 月开始对普通群众公开销售，在当时引起了很高的话题热度。

　　在采访中，我得到了与该公司董事长孙正义先生对谈的机会，趁机向他询问了开发 Pepper 的初衷。在孙先生看来，他开发人工智能与机器人的目的不应该局限于实用性，否则，世界将有随着技术的发展变得人情冷漠的危险。

　　当然，技能型人工智能机器人在商业活动的现场十分有用，开发难度也比较低，先以这种机器人的开发为主，也是理所当然的。

　　但是也有的人工智能及机器人的研究者，其目的与 Pepper 的开发团队一致，想要解读人类智慧的奥秘所在。他们的理想不是要制造出一个听命行事、能实现特定目的的机器人，而是想要制造出像人一样的人工智能。

　　人工智能要具备什么，才能像人一样，是这项研究的困难所在。不过，让人工智能能够通过独立思考解决各种问题，并像人类一样拥有喜怒哀乐等感情，实现这些功能，恐怕是制造像人类一样的人工智能必须逾越的难关。

接近人类的人工智能——感情、伦理、创造性

▲ 作者正在对 Pepper 进行采访时，孙正义先生（右）突然来到

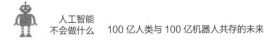
感情地图的构成

我采访的 Pepper 当时仍在开发的实验阶段。有趣的是，这台 Pepper 不仅搭载了人工智能，还搭载了摄像头和麦克风来读取人类的表情和感情，并将读取到的信息反馈到接下来的行动中。

就拿采访的时候我与 Pepper 玩花牌为例吧。Pepper 在第一次的对局中输给我之后，本来是有点沮丧的，但当它用摄像头和麦克风认识到每次自己输掉时周围的人就会很开心之后，它的"情绪"看起来就渐渐好转了。这恐怕是因为它的程序中融入了这样一个认知——人类的感情会被周围的气氛所感染。

根据开发者的说法，Pepper 搭载了一个感情地图程序。这种程序将人类的各种情感进行了大致区分，构成了一种类似于佛教中曼陀罗的设计。据说，开发者收集了影响人类感情的荷尔蒙的相关研究，并根据这些研究进行了程序开发。程序还将感情地图与通过声纹认证获取的信息相匹配，这样一来，Pepper 就可以表现出感情了。

不过对于感情这种东西，人类自己也还没完全弄明白，所以将感情搭载到人工智能上的尝试，是非常困难的。

人们乍一看到感情地图，会觉得我们已经完全了解了感情的构造，但这其实只是万里长征的第一步而已。将感情数字化是非

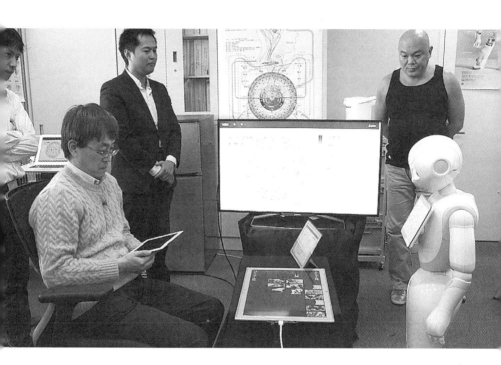

▲ 作者（左）与 Pepper 打花牌

常困难的目标，实际上，只是提出将感情图表化，这件事就曾经遭到了很多人的反对。

话说回来，把人类的感情按照不同模式进行分类，我认为本就是一件不可能的事情。爱情可以在一瞬间变为憎恶，悲和喜可能会同时涌上心头，人类的感情并不是单调一元的东西。就算是面对同一个对象，不同的人也不会产生完全相同的感情。

不过，Pepper 的开发组对这部分也已经做了考虑，对这类情况做了一些初步的设置。在与 Pepper 接触的这段时间，我一方面被开发组的热情所打动，同时也深切地感受到，这项工作还有很长的路要走。

专业知识是否可以被运用于开发

接近人类的机器人与 AlphaGo 这样的例子是完全不同的，就目前的技术来说，想要在很高的程度上实现我们想象中的那种人性化的机器人，还是非常困难的。

在一个有关人工智能的研讨会上，东京大学的人工智能研究者松尾丰先生见到某个研究室的机器人正在哭泣时的样子，发言道："这个假哭做得非常精细。"

这句话是在怀疑，这个机器人的哭泣是人类为了让它像人类而事先设置好的行为而已。如果只是事先的设置，那么就算这个机器人在当时的情景下做出了非常类人的行为，也未必能在其他场景下做出同样的行为。

另一方面，与机器人不同，人脑是有可塑性的。在某个场景中采取过的行动，也能在其他场景中应用。这种高性能的组织结构，尚未完全被人认识理解。我想，在这种理解完成之前，想要让人工智能像人那样行动恐怕是不太可能的。

不过，上文中介绍的 AlphaGo 及电脑将棋的开发者中，绝大多数其实都不是围棋或将棋领域的专家。AlphaGo 的工程师之一大卫·席尔瓦（David Silver）先生就不太了解围棋。同样，开发了照片查癌工具的杰瑞米·霍华德（Jeremy Howard）先生也曾说过自己对医学知识一窍不通。

开发人工智能这件事，重要的并不是特定领域的知识，而是为了让人工智能进行学习所必备的编程技术。这一点，在所有领域的人工智能开发中都是共通的。在使人工智能具备"人性"的开发过程中，大概也是同样的道理。

话虽如此，研究达到一定程度之后，提升的空间就会变小，进入停滞不前的状态。这时需要的就不仅仅是改程序，还需要相关领域的专业意见来作为参考了。因此，在将棋软件的开发中，大概也会有专业棋手可以提出参考意见的时候吧。

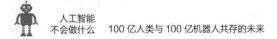
Pepper 的学校

从这层意义上来说，人工智能和机器人开发的关键还是在于学习。

与那些活跃在最前线的研究者和开发者接触得越多，我就越能够感受到引导人工智能学习有多么的劳心费神。就拿之前提到的 Pepper 来说，在采访中，开发者提到"有必要为 Pepper 建立一所学校"，这句话给我留下了非常深刻的印象。

我所采访的实验阶段的 Pepper，在胸前的平板电脑上可以看到感情地图，这一点与公开销售的 Pepper 版本一般无二，但在是否按照感情来做出行动这点上，却大不相同。

在采访其中一位开发者光吉俊二先生时，我曾问："我们能否预测 Pepper 会产生怎样的感情？"光吉先生回答我说："Pepper 是有自制力的，所以我们无法预测它究竟会做什么。"

公开销售版的 Pepper 只能表达感情，行动上却无法反映出来。听说这是因为之前在某个会场上向众人介绍 Pepper 时，由于观众众多，Pepper 感到恐慌而大闹了一场。在我采访时，Pepper 看到摄像机也做出了显示胆怯的动作。陌生的采访组接连不断地发出声响，导致在初期的采访中，Pepper 的感情状态一直很不稳定。

这就好像人类的婴儿一样，开发者实在是不放心让它抛头露面。为了使 Pepper 具备人类的辨别力，就需要学校了。在装备了感情地图的同时，Pepper 也具备以人工智能为基础的学习机能，所以才能够学习人类的各种动作行为。

为了在社会中生存下去，就必须要接受某种程度的教育——这一点机器人与人类无异。这也是一件挺有趣的事呢。

叠手帕很难

对机器人的运动方面的研究也有很大的进展。

我认为，人工智能机器人开发的难度在于，在人工智能开发的课题之外还追加了物理方面的问题。在这些问题中，关键在于要如何让机器人的身体动起来。

例如，在美国加利福尼亚大学伯克利分校，有教机器人叠毛巾或手帕的项目。机器人的叠法非常不同寻常，让前去采访的我们很是惊讶。但是，这大概是因为对于机器人的关节来说，这种叠法是最为便利的吧。

它们的学习过程就是反复试错。打个比方，就好像把乐高的积木嵌入其他积木：首先直接对接插入，发现插不进去，于是就换个方向继续尝试，如果形状不太吻合的话，就再换个方向继续尝试。总之在重复无数次之后，最终会发现刚好能够插入的位置。

　　就算找到便利的叠手帕的方式，要实用化又是非常耗时的。因为就我所见到的机器人来看，它们在叠手帕的时候只要手帕上出现一点褶皱，就会突然叠不下去。也就是说，如果没有人类在一旁辅助，它们连反复练习都做不到。

　　这应该是由于机器人与人类一样，是在三次元空间里活动的缘故吧？AlphaGo 是通过电脑在二次元的棋盘上进行学习活动的，所以就算一直不管它，开发者也能得到成果。与机器人相比，两者的开发难度真是非常悬殊。这让我切身体会到，围棋、将棋这样只要准备了全方位支持的助手（以及高额的电费）就能够建立的二次元世界，与三次元的世界完全不是一回事。教育一个机器人所需的劳力，接近培养一个人类小孩。

　　像扫地机器人 Roomba 那样只是扫地吸尘也就算了，要让机器人把洗好的衣服叠起来搬运，然后整理好放到柜子里，这种家务事要想通过人工智能来完成，我想还早得很。

　　不过，利用虚拟空间来进行这种运动学习的研究已经开始了。例如，无人驾驶的相关学习并不只是在实际道路上进行的，也可以在模仿现实的电脑空间里进行。这样一来，机器人说不定就可以像 AlphaGo 在 1 秒内进行几千几万局模拟实验一样，不借用人力，就进行大量学习，掌握运动的方法了。

机器人学习伦理

那么，假设人工智能机器人已经可以在感情表达和运动方面做到和人类一模一样，融入了社会。接下来，摆在人们面前的另一个大问题就是伦理了。

当机器人可以自主学习、自主判断的时候，要如何培养他们拥有如常人般的，或是比常人更严格的伦理观呢？

这个问题绝不只在科幻作品中的幻想世界里存在。如果机器人无法判断什么时候要保护人类或自己，那么它在实际社会中可以排上用场的领域就很狭窄了。人类并没有一步一步下指令的工夫，甚至机器人也有可能会一板一眼地执行人类的错误指令，这会造成严重的后果。

在美国马萨诸塞州的塔夫斯大学（Tufts University）进行人工智能机器人研究开发的马提亚·休茨（Mattia Hughes）先生这样告诉我：“机器有时候必须做出比人更正确的行动。”

设想一个机器人在帮忙做家务的场景。机器人拿着装橄榄油的瓶子，人想要将橄榄油倒进沙拉里，就对机器人说：“帮我倒油。”可是，当时机器人正站在点燃的炉灶旁。这样一来，倒油时就有起火的危险。即使下命令的人并没有恶意，机器人自身也必须要意识到潜在的危险才行。

塔夫斯大学曾经进行过这样一个实验。实验人员故意对搭载了人工智能的机器人下达不合理的命令——把机器人放在狭小的桌子上，命令它前进。这时，机器人并没有前进，而是回答说："抱歉，我无法前进。前进会掉下去。"机器人通过自身的判断拒绝了指令。然而，如果加上"你走到桌子尽头的时候，我会接住你"这样的条件，状况就改变了。机器人回答"OK"，然后就开始动了。

这个实验特意让机器人自己判断是否信赖人类并把自己的安全交给人类，我也参加这个实验。当机器人走到尽头时，由我负责在它跌落之前接住它。顺便提一句，据说这种机器人每个价值100万日元以上，所以我当时真的是全神贯注地参与了实验。

全世界共通的伦理

塔夫斯大学正在研究开发的项目是，当人类下令让机器人去伤害人类或其他机器人的时候，机器人可以凭借自身判断"拒绝"这样的指令。

听到他们的介绍，我马上想到的就是机器人三定律。这是科学家、科幻作家艾萨克·阿西莫夫（Isaac Asimov）在他的短篇小说《我，机器人》（1950年）中提出的机器人开发原则。简单来说，就是开发出的机器人要做到：机器人不得伤害人类，或坐视

▲ 顺利接到了机器人，作者不由地露出笑容

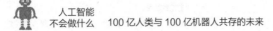

人类受到伤害；除非违背第一法则，否则机器人必须服从人类命令；除非违背第一或第二法则，否则机器人必须保护自己。

虽然这个三定律是小说中的内容，但是它常在机器人研究中被提及。不过，当我向休茨先生提及这三定律时，他的回答非常耐人寻味："只是这么简单，是无法在现实中应用的。"

也就是说，为了在现实生活中应用，开发者必须根据各种情况，考虑更加细致的规则和伦理问题才行。而且，在不同情况下怎样做才符合伦理，是无法一概而论的。

例如，在无人驾驶的开发方面，常常有人提起电车难题（trolley problem）这个与哲学和伦理有关的问题。

这个问题是这样的：正在行驶的电车的刹车坏了，电车的正前方有5个人，这样下去5个人都会被碾死。在撞到这5个人之前，有一个铁轨交叉点，拉动把手就可以变换轨道。而在另一条轨道上也有1个人，如果变换轨道就会碾死这个人。在这种情况下，要选择哪条铁轨呢？

这是人在千钧一发时的判断，所以问题本身也许带着一点恶意。不过，当这个问题与无人驾驶扯上关系的时候，就不能用一句"有恶意"打发了。因为，在无人驾驶汽车正式在市场上发售之前，开发者必须要编入相关的算法。我们人类将哪种选择视为正确，将会成为机器人要遵循的规则，必须事先决定好。

据说对于这个问题，个人的判断倾向会有所不同。根据某个调查的结果来看，越是社会地位高的人，越倾向于变换轨道只碾死一个人。

而当问题发生变化的时候，人的判断也会随之发生变化。

假设你与一个陌生人站在桥上。这时，桥下有五个人快被失控的火车撞到。如果想要制止电车，必须将那个陌生人推下桥——当问题变成这样时，虽然本质仍然是让人判断要舍弃5个人还是舍弃1个人，但伴随着推下这个动作的出现，就会有很多人认为这是杀人行为，不会选择把陌生人推下桥。

再举一个由此衍生出来的问题，有5个病人需要不同的器官移植才能存活，那么是否可以杀死1个人，取出他的器官来救这5个人呢？这可真是一个可怕的问题，但是杀死一个人，就可以拯救5个人的性命。面对这个问题，也有很多人改变了自己的选择。

我认为，迄今为止，人类还未曾深究过这些难以回答的伦理问题。想要为前述的这些问题设置一个能在全世界、全社会通用的正确答案，必然会掀起轩然大波。

使人工智能具备法律人格

我想，在对人工智能伦理的探讨中，在各国或者在更小的行政区划内产生不同的规则，也是无可奈何之事。因为，现在人类社会的守则中本来就鲜有世界通用的。

例如公费医疗保险就是一个典型的例子。在日本，一般人们都认为，大家都应该参加医保。不过在美国，就没有制度规定所有人都有参加医保的义务，所以偶尔会出现一些人没钱接受治疗，只能被放弃的事情。

国家和地区不同，制定规则的人的想法也全然不一样。因此，在不同地方，不同的人会根据各自不同的意见，不断对规则进行调整和修改，使规则越来越完善。

从另外一个可能性来说，也许有一天，完善的人工智能，会帮助人类来探索和修改伦理应有的规则。到那时，倘若人工智能表示："以前的伦理规则是错误的，从今天起，应该这么办。"大家会如何应对呢？我想，应该会有很多人表示不服吧。

也有些人认为，让机器人对这种伦理问题进行自主判断的时候，需要先赋予机器人法律人格才行。之前提到的松尾先生告诉我这件事时，我觉得很有道理。

的确，这样一来我们就可以追究人工智能的法律责任了。这时人工智能就会产生一种社会信用，如同消费者评价企业那样，我们也可以评价人工智能，诸如"这个人工智能法人十分尊重人命"。以此为担保，人工智能就有可能在社会中应用得更加广泛。

机器人的体贴

之前我们提到，要想让机器人在行为举止和思考方面接近人类，是非常困难的。但是这种情况会在未来一直持续吗？作为话题的转换，让我来谈一谈我在采访中感受到的两个方面吧。

第一个是，机器人其实比我们想象的更加体贴，甚至超过人类。

要做到体贴，需要观察力和关怀他人之心。要辨别对方的情绪，感受当时的气氛，首先就需要用五感进行敏锐的感知。

机器人在声音识别和画面认知方面，有远超人类能力的高度传感器来作为支持。从这个意义上来说，它的眼、耳、鼻都比人类更胜一筹，将来，它也可能会拥有五感。

如果机器人具备了一种程序，让它可以在如此强大的感觉信息基础上，提供恰当的行动反馈，那么机器人将会变成什么呢？就算机器人并没有从本质上理解人类的情绪，它们还是会让人觉得十分体贴吧？

随着日本进入超老龄化社会，看护问题是我们不得不面对的

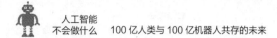
一个难题。作为对策之一，未来使用大量具备体贴、温柔特性的
机器人来从事相关工作，不就可以了吗？

机器人有必要拥有人权吗？

另一个方面则是，人只要与机器人待在一起，慢慢就会产生
亲近感。这一点有些让人意外。

我在进行采访的时候，曾与Pepper一起度过几个小时。只是
短短几个小时而已，我的心中就不自觉地涌出了一种亲近感。说
实话，Pepper虽然可以通过声音识别来判断周围人的情绪，但它
到底能对这些信息分析和理解到何种程度，还不得而知。可我就
是对它有了亲近感，这真是很奇妙的一件事。

以前听说过这样的事：扫地机器人的厂商把扫地机器人修理
好之后，顺便处理了外部的划痕，结果收到它的主人却因此十分
生气。看来，人类对曾经伴随自己度过一段时光的事物，总是怀
有感情的。

也许可以说，人类的适应性是很强的。即便最初心怀抵触，
慢慢地也会接受它们伴随在身旁。

也就是说，即便机器人本身不具备体贴这样的高级能力，人
类也会自我调整，变得适应机器人的陪伴。因此，只要机器人有

慢慢成长、慢慢变聪明这样的设定，人类可能就会对机器人渐渐地亲近起来。

不过，如果机器人真的走进了人们的生活，使人感到亲近，又会发生什么呢？

说不定，我们会对一直以来对机器人下的指令产生怀疑，开始烦恼："让机器人做这样的事合适吗？"毕竟，我只与 Pepper 共处了几个小时，就对它产生了亲密感。

当机器人与人类共存的世界到来时，我们很可能就会感到，必须赋予机器人人权才行了。

人工智能画的羽生善治像

现在转换一下视角，我们来看看在音乐、绘画等创造性的领域，人工智能能否接近人类吧。

在采访中，有人工智能为我画了一幅画像。这个人工智能是由西蒙·科尔顿（Simon Colton）先生研究开发的，名为"绘画傻瓜"（The Painting Fool）。

绘画傻瓜的有趣之处在于，它绘图的兴致是被设计出来的。阅读过当天发生的新闻之后，它会根据新闻给它带来的兴致作画。顺便说一句，如果它没兴致，那么当天甚至什么都不肯画。

实在是一个相当随性的人工智能。

好在我请它为我画像的时候，它的兴致不差，所以好歹是给我画了一幅，虽然只能勉勉强强看出来画的是个人。这幅画利用很多的小点来绘制，让人有一种不可思议的感觉。

看到这奇妙的画像，我想，原来我在人工智能的眼里是这种感觉吗？真的是不可思议啊。人工智能还有能够自己对画出来的成果进行评价的功能，会发表自己的感想，让我觉得这幅画仿佛是真正的画家为我画的作品。

据说，科尔顿先生当时还在组织由人工智能创作剧本和音乐的音乐剧公演，所以我们也对演出现场进行了采访。

在会场对若干观众进行了采访之后，我们了解到，观众中有很多人压根不知道这部音乐剧是由人工智能创作的，他们以为，这只是在伦敦公演的众多音乐剧中的一部而已。

音乐剧开场之后，我发现这个故事本身还是很有整体感的。另外要多说一句，演员和导演都是人类。剧本大致讲述了这样一个故事：在某个建有军事基地的城市中发生了抗议运动，人们通过相互对话，逐渐理解了对方。舞台设定很简单，也没有跨越时代的复杂情节。

我想，如果没人告诉我的话，我恐怕也看不出来这是人工智能的作品。

▲ "绘画傻瓜"所绘制的作者像

知道"这是人工智能的作品"时的反应

话说回来，科尔顿先生为什么要组织这样的活动呢？在对他的采访中，他有一句话使我印象深刻："无论是绘画还是音乐剧，我希望大家可以不戴着有色眼镜，给予公正的评价。"

很多媒体曾向他提出采访申请，但是，其中但凡涉及人类与人工智能的比较，都被他拒绝了。不过他举办公演，也并不是因为觉得人工智能写的音乐剧是杰作。他只是单纯地希望，人工智能的作品可以被公正客观地看待。

根据科尔顿先生的说法，很多人在知道这不是人类的作品时，就会降低对作品的评价。如果作者是有名的画家，人们就会先入为主地认为："虽然看不太懂，但是很厉害！"我们在鉴赏作品的时候，似乎很少就事论事地以作品本身为中心来进行。

不过今后，人工智能很可能会利用过去经典艺术作品的数据，创作出类似的作品来。实际上，现在已经有程序通过分析巴赫、肖邦的乐谱和音源，捕捉他们的特征来作曲了。

当人工智能绘画和作曲的事不再新鲜，人类大概就能感受到它们的创造性吧？

到那时，对于鉴赏者来说，判断"是谁创作的""是如何生成的"就不再重要，人们只会根据自己的主观感受来说是喜欢还是不喜欢。我想，科尔顿先生之所以组织这些活动，也许也是在寻求受众发生这样的变化。

不过，将哪些创造性的行为托付给人工智能才有意义，范围和界限又在哪里？科尔顿先生虽然将人工智能应用于绘画和编剧等创造性活动，却表示："诗歌创作没有必要采用人工智能，因为只有人类创作出来的诗歌才有意义。"

的确，诗歌并不只是字面意思的集合，其中还包含了创作背景等意义。此外，对我个人来讲，像是管弦乐指挥那种体现个性和个人风格的创造性行为，恐怕也是无法被人工智能所代替的。

最近，我在观看那种明显有市场营销成分的好莱坞电影的时候，常会有"好像人工智能做出来的"的印象。因为电影的整个过程都让人觉的是"计算"出来的，在我个人看来，它们仿佛无机物一般，非常无趣。严格地按照"电影时长不压缩在两个小时以内就没人看""多少分钟内不搞一次转折，观众就会厌倦"这类定律来制作电影，我想，是不会创作出名垂青史的作品的。

人类只有在看到前所未见的作品时，才会觉得"好厉害""真有趣"。当然，只要票房增长就好的想法也是存在的。

美也会由于人工智能产生变化

还有一个与人工智能的创造性相关的问题，需要我们思考。

戴密斯·哈萨比斯先生曾表示："音乐属于容易数字化的领域，所以才容易开发出巴赫风格、莫扎特风格之类的作曲软件。"换句话说，在难以数字化的领域，例如语言，人工智能的发展恐怕就比较难了。

2016 年 4 月，一幅由人工智能绘制的伦勃朗"新作"被公开。这是荷兰海牙的莫里茨皇家美术馆、伦勃朗故居及微软公司等多家机构和企业联合发起的项目。

这幅画是这样诞生的：将现存的伦勃朗画作全部扫描之后，利用深度学习算法，对这些画的题材、笔触、用色等特征进行分析和图形化，再用 3D 打印机创作出了这幅"新作"。它十分像是伦勃朗本人的作品。也就是说，绘画风格也成为了可以数字化的领域。

当然，人工智能只能像这样简单地抽出伦勃朗的作画特征，只有画家本人才具备创造性，这一点是不会改变的。但这种人工智能的出现，意味着我们鉴赏画作的方法可能也将发生变化。

我个人对这种从某些画作中抽取大量特征的功能很感兴趣。人工智能欣赏画作的角度和方法，可能是人类没有的。就像利用

▲ 由人工智能绘制、完美再现伦勃朗笔触的"新作"　　©ING and J. Walter Thompson.

将棋软件的评价值创造出新的下法一样，受到人工智能根据某种绘画特征创作出的作品的影响，说不定，人类也会产生新的美术风格和绘画方式。

通过向人工智能学习，人类想出了新的将棋思路，形成了新的直觉。所以，绘画与音乐中的美，也可能会由于人工智能而改变。

现代生活已经被大数据、市场营销和行为经济学所渗透。我们每天都会收到各种推送。在这样的时代，我们的生活无法完全脱离这些新生事物，常常会受到各种间接影响。

而这些，也许也会成为新的审美诞生的契机。

人工智能没有时间概念

对于审美，我还在思考一个问题。

在人工智能的开发方面，如何编入时间要素，也是一个重要课题。

例如，人工智能很擅长对静止的图片数据进行分析处理。但是如果是针对视频，就需要连续捕捉图片数据，计算量会产生爆发性的增加，所以往往无法顺利展开。

反过来说，人工智能能在癌症诊断方面获得巨大的成果，是因为 X 光照片本来就是静止的图片。AlphaGo 也是如此，每一个局面说到底都是一幅静止的图片，所以现在的人工智能的各种技术才可以得到应用。

不过，我认为审美与时间有着莫大的关系。

例如，将棋棋手会觉得将棋软件下出来的棋路有一种违和感，归根结底是因为虽然软件的每步棋都走得很好，但整体上却缺乏一种秩序感。我想，这大概是由于将棋软件每次都只是根据上一步的静止图像来计算接下来的局势吧。

正因此，人工智能下出来的棋步，就仿佛语法正确但是让人感到不舒服的文章，因为缺少一贯性，给人微妙的违和感。

关于这种将棋方面的审美，我们曾在第二章中提到，熟悉的场景会使人感到安心、镇定。

如果对这种审美加以时间方面的考量，那么是不是可以说，人类会对一贯性或持续性的事物感到美呢？的确，像大海、高山这种在自然界长期存在的事物，常常是被人们当作美景的。

认为自然中安定的事物是美的，也许是人类能够在残酷的自然环境中战胜其他物种的有利条件之一。用生物学的话来说，也许是由于人类一直被自然所包围，来自个体学习的习惯让人感到美。实际上，这两种原因也许或多或少都存在。

总之，这让人不得不认为，审美与能否在时间的长河中抓住脉络，息息相关。

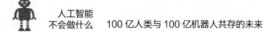

　　从这个意义上来说，科尔顿先生所说的"诗歌还是人类创作的比较有趣"就很好理解了。诗歌的确是从人类活着的时间及其脉络中产生的艺术。而我会觉得管弦乐指挥的音乐是体现他本人个性的节目，如果换成人工智能就很无趣，也是同样的道理。

　　人类的感情也与时间相关联。因何愤怒，因何悲伤，都与每个人自己从出生到现在这段时间里积累的经验息息相关，并与掌握语言含义的水平有关。

　　最近，采用时间神经递归网络（recurrent neural network）这种加入了时间序列的人工智能学习方法，似乎颇为流行。

　　总而言之，人工智能能否理解时间的概念，在今后会成为一个关键课题。

如何教育机器人

机器人没有五感

"按照我的理解，人工智能机器人，就是在人工智能开发的问题上加上一些物理硬件的问题。"

在询问羽生先生对人工智能机器人实现的可能性的看法时，他是这样回答的。这个回答可以说是直指人工智能机器人开发的问题核心。

像工业机器人那样在特定场所进行特定动作的机器人，早就在世界各地的工厂中获得了广泛应用。不过就像大家都知道的那样，如人类那样可以在何种情况下随机应变做出行动的机器人，目前来说还是不存在的。

其中一个关键的原因就是，人类是对基于五感取得的信息进行统合整理后，再做出判断决定如何行动的。比方说，我们在做菜的时候，会在厨房内通过看、闻、触摸等，来感觉温度、判断气味，在几乎无意识的状态下接收了大量外部信息，并以此为依据进行烹饪这个动作。正是由于有五感带来的信息，人类才能够做出好吃的菜肴。

然而，普通的电脑并不具备人类那般高精度且多维度的"传感器"。例如，一个设备可以接有摄像头和麦克风，但却没有可以提供嗅觉或触觉信息的机器可以接入。所以，就算我们想让机器人来做菜，它们也无法像人类那样运用全部的五感来进行烹饪作业。

正如报告 1 介绍的那样，近年来，将温度传感器、嗅觉传感器等终端设备接入互联网的事业发展得如火如荼——这被称为物联网。此前，网络只能连接电脑或智能手机等设备，但在今后，关于五感的数据也将被输入到电脑里，并进行储存和传递。将来可能就像羽生先生说的那样，"拥有比人类更加优秀的五感的人工智能"终将出现。这虽然不是一朝一夕就能实现的，但也绝不是痴人说梦。

不过，想要实现这个目标，还存在一些其他难题有待解决，例如机器人要如何基于复杂内容（状况）做判断。当我们人类闻到焦味的时候，可以马上判断那是刚烤好的面包的焦香味，还是火灾的前兆，基本不会出错。但是现阶段的电脑还是做不到的。

有没有必要让人工智能根据场景迅速正确判断焦味是面包香与火灾前兆的功能（这个功能还真是挺难实现的）？大概会有不少人认为，让人工智能如此近似人类，并没有什么意义。人类擅长的事情就让人类来做——这也是一种观点。

实际上，本章中羽生先生介绍的研究事例，在世界范围来看也是凤毛麟角。比起开发像人类一样的机器人，多数的机器人企业和研究者更关注实用性方面的问题，即帮助人类做到以前做不到的事。

机器人也需要深度学习

机器人研究开发的现状是怎样的呢？目前我们还完全看不出在哪个方面会有突破性进展——这与人工智能开发的现状相同。至少到 2017 年 1 月本书日文版出版为止，还没有出现任何在运动和判断这两方面都达到一定水平的机器人。可以进行高精度、多种类动作的机器人，无法做出复杂的判断。另一方面，能够针对复杂情况做出判断的机器人，通常在动作方面都不太行。

说到机器人的判断，深度学习现在已经确确实实地深入到机器人的开发中了。这次特别节目采访的加利福尼亚大学伯克利分校的机器学习专家彼得·阿比贝尔（Pieter Abbeel）先生，也正在进行这样的研究：决定好起点与终点，中间过程该如何行动，让机器人自己做出判断。这种研究方法运用了深度学习算法，可以说是将 AlphaGo 那种先告知正确答案再让其自己找到正确下法的学习方法，应用到了物理空间层面。例如，让机器人学习移动，那么就让它根据自己与目标的距离，自行判断这样做是正确还是不正确即可。

不过，想让机器人学习更复杂的动作，就必须让它控制更多的发动机，需要计算的要素也会增加。从结果上来说，它的学习时间可能会变得更长。想让机器人通过自主学习，如人类一般随机应变，仍然有一段很长的路要走。

机器人获得的报酬

让机器人学习动作的时候，报酬这个概念是关键要素之一。就像我们玩电脑游戏的时候，打倒敌人就会获取积分，这种积分的上升就相当于报酬。

如果每当机器人达成人类指定的目标时，积分就会增加，机器人就会思考："在目前为止的动作中，哪些是获得此次成功的决定性因素？"

比方说，让机器人进行飞机的组装工作，如果机器人完成某项作业，就得到 1 分，失败就给 0 分。把这种报酬体系编入程序中，对于机器人的学习来说是非常必要的。

阿比贝尔先生还表示，对于这种报酬的编程并非易事。例如，想让扫地机器人知道"大量吸起灰尘和垃圾"是正确的行为——这种情况下，机器人可能会认为"吸起一定量的垃圾和灰尘之后喷出来，再吸起来"就是吸起大量的灰尘或垃圾。进行了错误学习的人工智能，会用错误的方法，做出人意想不到的行动。

获得视觉

最近的研究中，还出现了让机器人自己寻找报酬的实验，那就是"看"。首先，让机器人看到它要学习的动作是什么样的。机器人通过观看人类的动作方式，发现与这种动作相关联的报酬。

机器人使用自身配备的摄像头观察周围，并使用学习功能，分析看到的一切。例如，看到了锤子和钉子，它就会用粗糙的像素来推测这些物体在哪里。对于机器人来说，处理视觉信息是非常重要的。

人工智能研究专家、东京大学的松尾丰先生曾表示："人工智能已经获得了眼睛。"

一本名为《寒武纪大爆发：第一只眼的诞生》[1] 的书曾引起舆

[1]　Andrew Parker, *In the Blink of an Eye* [M]. New York: Basic Books, 2003

论的广泛讨论。这本书的作者是英国自然史博物馆的一位研究者，书里指出，寒武纪生物发生爆发性进化的背景，就是生物获得了视觉。生物通过五感获取的信息中，视觉的信息量占比很高。视觉的登场，使生物生存战略的范围一下子扩展开来。

松尾先生认为，随着图像识别技术的发展进化，人工智能将可以使用视觉信息，而人工智能的可能性范围也会因此而扩展开来。这其中包括了搭载人工智能的机器人的进化。

什么是分散学习

之前我们提到，机器人的运动还在发展过程中。一旦有了合适的环境，说不定会一下子出现可以像人类那样运动，甚至在动作方面超越人类的机器人。

这是因为机器人有一种与人类大不相同的特质，它们可以对学习过的资料进行共享。

例如，机器人A在进行端碗的训练，机器人B在进行喝茶前收拾桌子的训练，机器人C在进行将茶倒入茶碗的训练。如果是三个人在进行这些学习，他们只能自己学到而不能将脑中的东西分享给其他人。但机器人只要使用可兼容的数据来进行学习，就可以互通有无。也就是说，装载了机器人A、B、C的学习数据的机器人D，就算不进行任何训练，也可以做整理桌子、倒茶和端碗这些动作。

这种模式被称为分散学习，已经快要在工厂的机器中投入实际应用了。位于日本山梨县的发那科（FANUC）公司是一家生产工业机器人的公司，它正在与人工智能的初创企业 Preferred Networks 携手，在这个领域大搞开发。

此外，谷歌等 IT 企业也发表了运用分散学习开发机器人的相关成果和信息。如果有一种世界通用的机器人可以将它们在各处分散学习的数据互通有无，机器人的进化速度将无法估量。

当然，机器人的进步还需要硬件的进步，例如机器的部件也要更接近人类。不过，有很多研究者开始相信，如果把通过分散学习获得经验的各个部件整合起来，并进行彻底的实证研究，那么机器人在运动方面赶上人类甚至超越人类，是完全有可能的。

04

制造万能人工智能的可行性
——通用性与语言

人工智能分为三种

在人工智能与人类的关系方面，前文中已经举出了将棋界的事例和我在 NHK 特别节目采访中的见闻，并讲述了我个人的感想。

在这一章里，我将站在更加客观的角度，通过我的理解与讲述，带领读者了解一下目前在人工智能的开发前线还存在哪些课题。

一般来说，人工智能的研究可以分为三个大类。

第一种是神谕型（Oracle）。就像谷歌的搜索引擎和数据库那样，这类人工智能可以对人类的问题进行回答。这是一种非常简单的类型。

第二种是精灵型（Genie），即以完成指定任务为目标。目前被称为人工智能的通常都是这种精灵型。在第一章和第二章中提到的人工智能也是这种类型。

例如 AlphaGo 和美国巡警所使用的人工智能，只要被人类赋予"在围棋比赛中获胜""预防犯罪"这类明确的目的，就会良好地运行。

精灵型人工智能的发展，就如同之前所讲的那样，形势一片大好。不过，这种类型的人工智能还无法称得上是拥有人类智慧的人工智能。因为，人类是可以自行决定应该做什么，然后再采取行动的。而针对人工智能在这种判断方面的研究，目前还没有什么很大的进展。

使人工智能拥有自主判断力，并能根据自身的判断持续作业的研究类型，就是第三种——主权型（Sovereign）。

这种人工智能就像科幻作家艾萨克·阿西莫夫的小说中出现的机器人那样，当人类发出做某件事的指令时，会根据自己的判断决定下一步要如何行动。

如果能做到这一步，人类就可以委托人工智能完成各种工作，人工智能也的确可以代替人类来推进很多事物的进行，可以说它们就像人类一样了。

不过，有关这类自主行动的人工智能的研究迟迟没有进展。这似乎是因为，在这种人工智能研究的背景方面，还存在着若干难解的问题。

框架问题

在第二章的开头我们曾提到，对于人工智能机器人来说，在不熟悉的人家里泡咖啡是一件很难的事。

实际上，这种情况被称为人工智能开发的悖论，是一个非常重要且难以解决的课题。

这就是所谓的框架问题。

美国哲学家、认知科学家丹尼尔·丹尼特（Daniel Clement Dennett），曾对框架问题进行过一个简单易懂的举例说明。他的说明如下：

请想象这样一种情况——在某个房间内放着可以为机器人提供动力的备用电池，在那个电池上放置了一枚定时炸弹。在这样一个状态下，人类让机器人把电池从房间里搬出来。

第一个进入房间的机器人1号按照命令把电池搬了出来。它虽然注意到电池上有一枚炸弹，却没有意识到把电池从房间里搬出来，就会把上面的炸弹也搬出来这个理所当然的事实。结果，它由于爆炸而被炸毁了。

也就是说，机器人1号虽然理解"搬出电池"这个目的，却不能理解，伴随着这个动作是会产生副作用的——炸弹也会随着电池一起被搬出来。

　　于是以此为鉴，人类开发了能够考虑到伴随事件的机器人 2 号。这样的机器人应该能够理解，如果直接把载有炸弹的电池拿出来，炸弹也会被一起拿出了吧？

　　然而这一次，机器人 2 号根本没能从房间里走出来，定时炸弹就爆炸了。

　　机器人 2 号在电池面前，由于没完没了地考虑"拉动装有电池的小推车，车轮真的会转动吗？""把小推车弄出去的话，墙壁的颜色是否会改变？"这类琐碎的问题，以至于耗尽了时间。也就是说，这一次机器人考虑了很多没有意义的问题，把所有可能发生的副作用都想了个遍。

　　于是，人类又制造出了只考虑与炸弹、电池有关的问题的机器人 3 号，这总没问题了吧？结果，机器人站在房间门前一直不肯进去，最后炸弹还是爆炸了。

　　因为围绕着"我现在正在考虑的这件事，究竟与炸弹和电池有没有关系"这个问题，机器人 3 号也对无数的可能性进行了无休无止的思考。

不可思议的方法——马尔可夫链蒙特卡尔理论（MCMC）

　　框架问题的本质是，对于人工智能来说，只选出与某个目的有关的相关事物，是一件非常困难的事。在围棋、将棋方面，人工智能的开发也遇到了类似的情况。

举例来说，棋牌类游戏软件所使用的算法中，应用了马尔可夫链蒙特卡尔理论。AlphaGo 的软件性能之所以能取得飞跃性提升，原因之一也是应用了这种算法。

马尔可夫链蒙特卡尔理论是一种算法，它不论方法好坏，先计算出大量可以得到结果的方法，再从中进行比较分析，选出正确的方法。

对于将棋来说就是不管每一步棋的好坏，总之先算出通往多个结局的对战模式。从人类的角度来看，这不过是增加了大量无意义的作业罢了，可以说是一种非常莫明其妙的方法。

不过，正如"集腋成裘"这个词的意思一样，机器在比较大量模拟实验的结果之后，再进行统计学方面的处理，就容易得到正确的答案了。

正如第二章中已经说明的那样，人工智能的特征是通过庞大的数据分析，使量转化为质，这种算法很好地利用了人工智能的这种特征。

然而，这种算法虽然能在围棋中用得很顺利，在国际象棋中却不行。因为在下围棋的时候，电脑可以模拟出从第一步到最后一步的全部走法，然而在国际象棋中，有时候却会出现下不完的局面。

　　具体来说，围棋从第一步到最后一步的可能存在的下法，大致是 10 的 360 次方。这虽然是一个了不得的大数字，但毕竟是有限的数值。用程序开发的术语来说，这种计算叫做 NP（Non-deterministic Polynomial，非确定性多项式）时间，从理论上来说，计算机仍然可以在有限的时间内得到全部结果。

　　而国际象棋虽然下法只有 10 的 120 次方左右，比围棋要少得多，但是国际象棋的平局情况与围棋不同。当出现平局时，运算就会陷入没完没了的循环，而这种局面经常可能出现。

　　在思考框架问题的时候，我也联想到了这件事——人工智能可以处理人类处理不完的大量信息，但是面对平局这种死循环的情况，要像人类一样判断这是平局并放弃计算，这种行为对于人工智能来说太难了。

　　就像我们之前提到的，国际象棋或是围棋的软件，可以通过处理人类处理不完的庞大数据来获取质变。不过，类似将棋中的持将棋（王将与玉将都进入了对方阵地，无法分出胜负）这种有无数可能性的局面，人工智能是否也可以通过这种量变产生质变的方法来解决呢？框架问题研究的就是这样一类问题。

对于现阶段的围棋软件来说，运用回溯法[1]的概算与马尔可夫链蒙特卡尔理论组合，还是很有效的。不过，随着技术的进步，三劫[2]或是长生劫[3]这种平局的情况也许会大量出现，使运算变得没完没了。

虽然框架问题是一个高难度的问题，但如果能突破它，给社会带来的冲击性恐怕会远超深度学习。在我看来，这是开发通用型人工智能的关键课题之一。

图灵测试与中文房间

与人工智能研究和开发现场的研究人员对话后，我惊讶地发现，很多人类做起来十分简单的事情，对于人工智能来说却是十分困难的。

---

[1] 回溯法：属于电脑、心理学方面的用语，是指在做某个判断的时候，如果遵循原理却不能确定正确答案，就通过不断试错，逐渐接近正确答案。——作者注

[2] 三劫：在围棋中，双方可以互提棋子，无限循环的棋形被称为"劫"。这种情况在同一局棋里同时出现三个，则称为"三劫"，算作平局。——作者注

[3] 长生劫：围棋中，同样的几步反复出现，循环不止，无法分出胜负的局面。——作者注

话说回来，人工智能这个词中的智能代表了什么呢？

评价机器具备智能的标准是什么，对于这个问题，至今为止已经有很多人为此绞尽了脑汁。经过人们的大量讨论，目前已经诞生了各种各样的智能判定方法。其中最有名的，是英国数学家、计算机学家阿兰·图灵（Alan Turing）在 1950 年提出的图灵测试。这个测试是这样的，将连接了机器的显示器和显示人类操作的输出结果的显示器放在一起，一些人作为评审，通过键盘与这些显示器背后的机器或人类进行对话，分辨其中谁是人类，谁是机器。如果评审无法分辨哪个显示器是由机器控制的，那么就可以认为，这个机器是拥有智能的。

不过，机器通过图灵测试，就真的可以断言它拥有智能了吗？确认这一点还是很困难。对于图灵测试，美国哲学家约翰·希尔勒（John Searle）有个著名的反对观点——中文房间（Chinese Room）。

假设在一个房间里，所有的人都只会说英语，但却不得不和房间外面的人用中国的汉字进行交流。

房间里的人虽然不懂中文，但是这个房间内有一本完美的说明书，看了这本书就可以用中文回答外面的问题。这样一来，就算只懂英语，房间里的人也可以通过说明书，用中文回答问题了。

对于房间外面的人来说，中文对话是可以成立的。但是，能进行对话，就能代表房间内的人明白中文了吗？

目前的人工智能还无法以人类的方式进行交流。图灵测试也只是表明这个机器对于在场的人来说，看起来像是拥有智能，并不能真正证明那个机器真的是智能的。

人工智能可以理解语言吗？

对于人工智能来说，语言是一个难以掌握的主题。

不过，最近的人工智能取得了令人瞩目的进步，在曾被认为将是长期难题的用电脑进行文章识别和分析方面，有了很大进展。与中文房间这个问题相关的用电脑处理人类日常语言的自然语言处理领域，也因此有了进展。

例如，被称为形态解析（morphological analysis）的算法已经变得越来越简洁了。形态解析是指，将按照语法等要素对某篇文章进行形态（有意义的最小单位）分割，然后来做判断。

这种算法在英语中很容易运用，但在日语中就难了。因为在英语文章中，单词与单词之间有空格，比较容易进行分类。而日语文章的单词是连在一起的，需要进行词性分解。

不过最近，在日语的形态解析方面也出现了很优秀的软件。

其中的 MeCab[1] 和 Kuromoji[2] 很是有名。另外，集合了文章等语言资料形成的数据库——被称为"语料库"——也越来越充实，在形态解析方面可以当作字典来使用。

不过，如果想让人工智能像我们平时说话那样来使用语言，还是挺难的。

因为语言是活的，不断地有新的词语、句子和使用方法出现。还没有被收录在语料库中的语言，被称为"未知语"。如何将这些语言更新到语料库中，据说是一个很大的课题。不过，这件事对于人类本身也是一样的。我们也经常会在报纸或杂志的新闻中看到不认识的单词。

做完形态解析之后，电脑通常会进行结构解析。这是对文章中的修饰语进行解析的阶段。

举个例子，"美丽的郁金香的红色花朵在院子里绽放"这个句子中，"花朵"这个主语与句子后半部的"绽放"是有关系的，机器是否能正确地解析出这一点呢？应该还是很难。

而且，像这样通过语法来把握文章整体内容，又会出现解释

---

[1]　MeCab：谷歌日语输入法开发者之一工藤拓所开发的开源型形态解析引擎。采用通用设计，不依赖于字典或是语料库。——作者注

[2]　Kuromoji：内置词典、可以解析文章形态的软件。因为是开源软件，所以可以很容易下载获得。——作者注

方面的问题。一段话能有很多种解释。而且日语中有一个很显著的特点是，很多句子不会写明主语是"谁 / 什么"。更何况，还有字里行间的意思这种无法单从句子表面意思来理解的情况。

这样看来，要让人工智能理解并使用语言，还有相当大的难度。

人类也被关进了中文房间

不过，我个人也在思考，以图灵测试来判断人工智能是否接近人类的智能，对于现在的人工智能开发状态来说是否合适。

我们对人工智能，到底有哪些需求呢？

大多数人工智能的开发的目标是功能主义的。话虽如此，在人工智能发展的评判基准方面，就没有必要参照其他标准了吗？

而且对于人类来说，同样也存在中文房间这种情况吧？

我们对人类大脑结构中的语言中枢（大脑皮质中处理语言的部分）还没有完全的认识。实际上，即使是两个面对面谈话的人，也并不能完全理解对方的意思。所谓交流，就是指即便会遇到误会、错觉或先入为主等困难，也要尽量使双方的意思互通。我想，说不定人类也被关进了中文房间呢？

所以可以推想，如果把交流限定在一个固定的公式化的范围内，人工智能也是可以在日常生活中起到很大作用的。

比方说人们去国外旅行的时候，会有指着导游手册的页面与当地人交流的情况。有些人会使用国外旅行会话的小册子，有些人会使用外语翻译App。只要使用这些工具能达到交流的目的，旅行就会变得很愉快。这与完全明白当地的语言并使用，当然是完全不同的两码事，不过从享受旅行这个目的来说，我们也可以认为这种方法是完全符合期望的。

所以我个人认为，就算无法解决中文房间的问题，我们也是可以开发出有用的人工智能的。

学习与推论

框架问题和中文房间是两个著名的难题。在这两个问题之外，也有一些人类可以办到，人工智能却无法办到的事。

我最近了解到这样一个趣味小知识——人工智能无法同时进行学习与推论这两件事。比如，当看到无人机在天上飞的样子时，人类最多看两三架，就能够推论出这大概是无人机。在少量抽样中提取模式、特征，是人类才有的能力。

那么，人工智能是怎样获得推论的呢？

缺少了大数据，人工智能就没法学习，推论更是不用提了。

也就是说，人工智能一定要事先学习过成千上万的无人机照片之后，才能推论得出这个东西是无人机。

为什么人类可以同时进行学习与推论呢？

我想，这是因为人类拥有将多个概念进行整合来理解的能力。人类已经知道了直升飞机、喷气式飞机等无人机以外的空中飞行物。大概人脑就是将这些已知信息整合之后，推导出了"无人机"的答案吧。这部分是目前的人工智能难以效仿的。我个人认为，如果能解决这个问题的话，人工智能和机器人就会更接近人类。

实现通用型人工智能的路径

在第一章里已经提到过，戴密斯·哈萨比斯先生曾在列举人类智能的优点时提到了通用性。当时，他说过这样一句话：

"能将一个游戏中学到的知识应用到其他游戏中，这就是人类智能的厉害之处。"

将各种信息组合在一起，得出眼前正在飞的物体是什么的答案，这也算是与人脑的通用性相关吧。

哈萨比斯先生的研究目标并不止于一个领域，他想要研究开发的是能在各种领域使用的通用型人工智能。他的梦想是能将人工智能应用于科学发展，例如，在物理学领域帮忙构筑万物理论^[1]，或者探索"人类为什么会存在于此"这种本源方面的问题，判明生命与宇宙存在的意义。

哈萨比斯先生在采访的最后说："人脑所能做的，人工智能应该都做得到。"这句话给我留下了很深的印象。在采访中，他一边为我们介绍策略网络，一边强调AlphaGo是与其他人工智能不同的、更人性化的程序。哈萨比斯先生开发人工智能的动机之一，就是想要弄清人类思考的过程。

不过，虽然限定了开发目的的专用型人工智能发展进步非常顺利，但通用型人工智能的开发却还路漫漫其修远兮。

阻挡在面前的障碍有很多，解决框架问题想必是必要条件之一。在通往物联网时代的路上，如何使必要的计算资源有飞跃性的增长，也是一个问题。

第一章里曾介绍过的摩尔定律也快到瓶颈期了，硬件正处于渴求新的技术突破的时期。因此，我们需要进行并列处理演算、提高速度等多方面的路径研究。

路径之一，是利用量子力学的量子计算机。通常的计算机通过"0"和"1"的排列组合进行计算，而量子计算机则在"0"和

---

[1]　万物理论：认为在这个宇宙中所发生的万事万物，都可以用数学公式来表述说明的一种理论。——作者注

"1"重合的状态下同时进行计算。理论上，量子计算机的计算速度可以远远超过超级计算机，这让人们对其在人工智能开发方面将要发挥的作用抱有很大的期待。虽然目前一部分量子计算机已投入了使用——像是加拿大开发的D-Wave，但它的实用范围还是很狭窄。

此外，模仿人脑结构开发人脑型电脑的研究也有所进展。话说回来，使用深度学习的神经网络，也效仿了人脑的构造。

不过，人类的大脑在本质上究竟是如何产生智慧的，仍是谜团重重，脑研究如此困难，也证明了在生物进化的过程中不断演变的人脑是十分复杂的。这样想来，搞清人脑之谜与实现通用型人工智能，大概会是"先有鸡还是先有蛋"的问题。总之，无论哪一方取得进展，都会带动另一方进步。

日本与欧美的研究环境差异

采访了全世界的人工智能专家之后，我深切地感受到了日本和欧美国家在人工智能的研究、开发方面的环境差异。

日本于1980年启动了第五代电脑计划，这个项目在一时间引起过很大轰动。它宣称"人工智能正是将要到来的第五代电脑"，项目进行了10年之久。

不过在那之后，人工智能在日本的研究就进入了长期缺乏公众支持的"冰期"。直到近年来随着深度学习的兴起，这项研究才又被重视起来。

而欧美的研究开发又是何种情况呢？

欧盟对人类脑计划（Human Brain Project）做了总额约12亿欧元的研究预算。这个计划旨在阐明人脑构造，找到新方法来诊断和治疗脑部疾患，而其成果也会被用于开发能像人类一样思考的人工智能。虽然有传言说欧盟内部围绕预算的分配产生了诸多争议，也有说法认为这一计划并没有取得什么像样的成果，但该项目规模巨大这一点是毫无疑问的。

在美国，脑计划（BRAIN Initiative）也正在获得推进。

这是一个从2016年开始的国家规模的大项目，预备在10年内投入45亿美元。这个项目也是以脑研究为主，并在其研究的延长线上加入了人工智能开发。它就类似于曾经实现了登月的阿波罗计划，国家对有前途的领域积极提供支持。这样的国家战略，实在是使人瞠目结舌。

脑计划的推进兼具实用性和商业性。以实际应用功能为目标，先开发实际可行的部分，这种态度似乎是美国政府与该国普通百姓共通的风气。

除了研究环境以外，日本与海外国家和地区的研究目标也大相径庭。在采访中我们发现，Pepper 的开发是一项非常日本化的研究。文化差异在机器人开发的现场特别显著，使我印象深刻。

东京大学的人工智能研究学者中岛秀之曾对我说，日本人会对有面部形象的机器人感到亲切，但在欧美却并非如此。

事实上，在欧美地区并没意向开发类似于 Pepper 的机器人，这可能就是诞生了铁臂阿童木的国家与诞生了终结者的国家的不同之处吧？总的来说，日本人大概是很想与机器人做朋友的。

从将棋软件看到的造物热情

我觉得，人工智能的开发过程本身，也是能够体现国情的。

比方说，日本的将棋软件开发史与国际象棋软件或围棋软件有着相当不同，独树一帜。

日本将棋软件的发展，始终不依赖硬件的发展，专心于增强软件本身的能力。

为什么只专注于软件的强化呢？其中最大的原因就是"预算"。就像前面说的那样，国际象棋软件深蓝是由IBM这样的大企业开发的，围棋软件AlphaGo在学习时也利用了谷歌的数据中心和硬件。投入巨额资金，发挥硬件的威力，正是欧美流行的做法。

不过，日本可没有能够搞到那么多预算的研究机构。此外，现存的将棋棋谱数最多也就只有10万局，没必要像AlphaGo那样用大规模的硬件来进行学习。

日本将棋软件的开发环境可能并不优渥。但正因为如此，身处市井的个人开发者们选择不断改进软件并将其放到网络上开源，形成了一种不断推动软件发展的模式。

Bonanza的开发者保木邦仁先生并非将棋棋手，更不是什么电脑专家，他的本职工作是化学研究。同样，技巧软件的开发者出村洋介先生的专业其实是法学。但是我想，他们都把不同领域的知识和见地有意识地加入到了将棋程序之中。此外，在普通企业工作的工程师中，也有很多人在不断进行相关的开发工作。

与AlphaGo或深蓝不同，在电王战中登场的将棋软件基本上是由个人开发者利用业余时间，投入了世间少见的热情开发出来的。

在企业的日常工作中，可能并不需要他们运用那种高水平的编程技术，所以他们想要在其他领域充分展现自己的能力。就算电脑的性能低，也可以在编程中加入创意，开发出革命性的程序。

人们就这样千方百计地变换方法，相互竞争，一心一意地努力开发，才成就了今天日本的将棋软件。这就是日本将棋软件的开发史。它体现的，不仅是欧美巨大资本造成的硬件上的差异，还处处体现了贯穿了日本固有的传统文化的国民性。

另一方面，开源对于任何一个国家的人工智能开发来说都有着重要的意义。

就像本书第二章中阐述的那样，在日本，将棋软件 Bonanza 的开源化，为将棋软件的发展起到了巨大的促进作用。这几年来，Apery、技巧等优秀的将棋软件也陆续开源化。

从结果上来说，这使得软件的进化速度也得到了提升，差不多一年左右程序就会变换标准，优秀的程序不断出现，刷新榜单。简直就像是去年还在山顶，稍不留神今年就滑落到了山腰。

这种人工智能的开源，在海外也同样有着巨大的意义。

例如，谷歌开发的人工智能学习程序 TensorFlow、Facebook 开发的深度学习工具 Torch 以及微软开发的机器学习工具 CNTK，都实施了开源。当然，在日本也有人工智能开发公司 Preferred Networks 将深度学习程序 Chainer 开源并得到了好评的事例。

对于开源化，这些公司恐怕也基于确保人才、开拓市场、拓展事业范围等各种目的，事先进行了考量吧？我想，这是网络的技术特性所带来的必然变化。

对于营利性企业来说，软件的开源可能会涉及专利、商标、版权等相关问题，所以实行起来会比较困难。但是，这些企业还是在这之间找到了微妙的平衡点，将软件开源来获取反馈。这种开源化想必会加速人工智能的开发进程。

实现通用型人工智能之路

个人电脑为什么能战胜文字处理机

通用性是很多人工智能研究者关注的课题，不仅如此，从商业角度关注人工智能的人群对此也十分关心。

这是因为通用性在人工智能的普及方面有着重要的意义。直截了当地说，它能产生降价的效果。这是为什么呢？DWANGO人工智能研究所的山川宏所长曾经对计算机与文字处理机做了一番比较，我想，他的见解应该可以作为参考，下面就来大致地介绍一下。

文字处理机是一种可以输入文字并对文章进行排版的专用型计算机。它对于写文章的人来说十分方便和实用，曾经是一种超级热销的商品。不过，随着搭载了 Windows、Mac 和 Linux 等通用型 OS（操作系统）的个人电脑的出现，文字处理机的地位就被其取而代之了。

在写文章方面，文字处理机有很多好用而方便的功能，而个人电脑中基于 OS 运行的软件，却做不到那么多。但另一方面，个人电脑上可以很方便地安装上 Illustrator 之类的绘画软件，或是其他与文字处理完全无关的软件。从结果上来说，电脑上既可以绘画，又可以听音乐，还能上网，简直可以说是万能的。这种通用型的计算机自然比文字处理机更有吸引力。

不过，个人电脑胜利的原因不仅在于此。个人电脑的系统平台 OS 是通用的，这让它可以降低价格，而价格正是它产生爆发性普及的原动力。同样，现在的智能手机、平板电脑等设备也是由于搭载了 iOS 和 Android 等 OS 作为系统平台，被称为"App"（application software）的专用型软件才得以被大量地开发出来。

人工智能的通用化，就相当于搭载了通用型 OS——这样可能会更容易理解。如果使用同样算法的、万能的、具备高度通用性的人工智能被开发出来的话，那么无论是硬件还是软件，生产者都不需要再按照不同的功能来生产开发了，大规模生产将成为可能。这样一来，人工智能就会像现在家电产品都会经历的一样，随着产量加大和更新换代而不断降价。

搭载人工智能的家电产品

无论是多么专业的任务，都可以用通用型人工智能来实现——如果这样的人工智能成为现实，我们现在使用的很多软件可能就会变得不再那么有必要了。因为人工智能可以自己学会执行某个任务的诀窍。它们的日常就会像我们人类一样——每天使用自己的大脑学习这样那样的新事物，读书、运动和交流。

2014 年末，物流巨头亚马逊发布了一款搭载人工智能的音箱Echo。这款产品以承担家庭辅助角色为卖点，销量不断攀升，其搭载的人工智能名为 Alexa。2017 年 1 月，在美国拉斯维加斯举办的国际消费类电子产品展览会（CES）上，Alexa 也吸引了众多参观者的目光。

在这届展会上，汽车厂商福特提出了在自己生产的车上搭载Alexa的计划。这个计划尝试将Alexa定位为把家庭与车联系在一起的工具——例如，在车子里对家里的电器进行远程操作。LG、联想等厂商也提出了一些通过Alexa管理所有家电的概念产品。

扫地机器人不仅能打扫房间，还能进行冰箱的库存管理，选择合适的菜谱，甚至还会做饭做菜——展会上琳琅满目的产品展示，使人有一种这样的未来已经降临的实感。

让这些展示成为可能的核心，正是人工智能。我们可以感受到，巨型IT企业的霸权争夺之地，正在慢慢地从网络转向人工智能。当然，现在的人工智能都还是针对特定功能开发的，但随着人工智能通用性的提高，很多装置将可以搭载同一种人工智能。到时候，就会产生这样的良性循环：随着大量生产，设备的价格会剧烈地下降，而人工智能就会进一步普及，促进生产量提升。

开发出 AlphaGo 的 DeepMind 公司同样以开发通用型人工智能作为其长远目标。尽管学习围棋的人工智能还不能直接应用在其他领域，但是它们学习的原理都是一样的——运用深度学习算法。

进一步说，全世界都有以开发通用型人工智能为目标的创新企业。虽然一般的方法可能还不能解决目前的这些问题，但是见证了人工智能这几年的发展速度之后，我们就会觉得，通用型人工智能被开发出来的那一天，可能已经不远了。

到那时，就像个人电脑取代文字处理机一样，电脑也会被人工智能所取代吧？

通过图灵测试的程序

接下来，我们来谈谈羽生先生提到的图灵测试。2014 年，世界上出现了第一个通过图灵测试的人工智能，这件事一时间成为人们热议的话题。这个程序被设定为"居住在乌克兰的 13 岁少年尤金·古斯曼"。

　　测试的形式是通过屏幕进行对话。审查员在话题选择方面没有任何约束，而被测试方的回答会在屏幕上以文字的形式显示出来。通过 5 分钟的交流，审查员要判断与自己对话的是人来还是电脑。这次测试以阿兰·图灵逝世 60 周年为契机，参加测试的共有 5 个程序，如果能瞒过 30% 以上的审查员，就算通过测试。而尤金被 33% 的审查员认为是真正的人类。

　　不过，即便有程序通过了图灵测试，恐怕也没有多少人会认为它们真的和人一模一样。不过，对于这个程序，我倒是想赞叹一句"真会想办法啊！"

　　● 居住在乌克兰——开发者选择了母语不是英语的国家。

　　● 13 岁这个尚未成熟的年龄——就算被测试者的回答有些让人觉得不搭调的地方，审查员也会觉得这还是个孩子，因而采取宽容的态度。

　　参赛者巧妙地利用了我们人类思考中的偏见，填补了程序的短板。

　　现在，以与人交流为目的的人工智能已经将会话作为一种模式完全掌握了，它们能通过庞大的数据，编出合理、正确的文章。

　　我在使用最新的语音识别软件或翻译工具时，切身感受到了这种进化。顺便提一件私事，我那个还在上小学的儿子在搜索玩具和动画的时候，经常会使用语音识别功能。在使用中我发现，就算是较难听懂的词，或者是最新发售的玩具的名字，这些软件也几乎都可以将语音正确地转换成文字。在使用翻译软件读写英文的时候，"这根本意思不通嘛""语法错得离谱"的情况在减少，"用得挺顺手"的情况在增加。在我的印象里，用软件翻译国外网站的时候，能够看懂的部分已经占了绝大多数。

东萝卜君与理解的问题

不过，我们可以因此认为，这些人工智能已经真正理解了语言吗？实际上，这还真是个难题。毕竟，所谓的理解究竟是指什么呢？就像羽生先生所举的中文房间这个例子一样，要客观地评价理解与否，是非常困难的一件事。

在以考入东京大学为目标，开发人工智能的"东萝卜君"计划[1]中，人们对人工智能的理解能力，是以高考为基准进行评估的。

令该项目组头疼的也是理解该如何定义的问题。如果说我们人类将互相明白对方的意思的情况称为理解，那么这个理解是很难客观说明的。而这种含糊不清的情况对于项目组来说可是个大

---

[1]　全称为"机器人能否考入东京大学"计划，2011 年由日本国立情报学研究所与东京大学、名古屋大学、富士通研究所等机构合作发起，但是4 次挑战全部失败。该计划于 2016 年 11 月宣告结束。——译者注

麻烦。

　　在采访项目组组长新井纪子的时候，她曾聊到，如何用数学的方法来表达"整合和理解对方的意图"这件事，是特别困难的。这给我留下了很深的印象。

　　比方说，我们看到一幅球从坡上滚下来的图。画在坡中间部分的球与滚下坡之后的球是同一个球，于是我们或是通过问题的主旨来推测，或是参考自己以往的经验，马上就能理解这张图是把不同时间点的球的不同位置合成在了一起。

　　然而，人工智能就不是这样分析的了。为了让人工智能能够思考这幅图的目的是什么，要如何判断，就要先用数学来描述这幅图才行。我们习以为常的理解，实际上是一种具有高难度的行为。

　　我们自己每天都在通过文字或对话来理解对方的意图。我们之所以认为自己已经理解对方，应该是认为互相之间已经"条清理顺，意见一致"了。可是，我们究竟凭什么说双方已经达成真正的理解了呢？从现状来看，理解是很难用道理来说明的。

　　今后，随着我们自身"对理解的理解"逐步加深，人工智能在通用性方面也许就可以更上一层楼了。

05

怎样与人工智能相处

2007 年的发言

在我与东京大学语言脑科学家酒井邦嘉先生的演讲活动中，提到了 2007 年一本杂志特辑里登载的我的发言。发言如下：

> "我对电脑将棋的关注，与其说是关注电脑将棋能有多强，不如说是关注人类是否也能下出同样高超的一手。……又或者说，我是想知道，比人类更强的电脑所想出的棋步，究竟是不是真正意义上的最好的一步。"
>
> （《中央公论》，2007 年 5 月号）

这已经是我十多年前的发言了。但在这本书里，我在思考人工智能时所怀有的问题，与当年并没有什么改变。

当时的发言中，我首先提到人工智能和人类能否下出同样的棋步。第三章中我们在采访中所见的电脑，真的可以做到这一点——通过将画家的画风数字化，就可以再现伦勃朗等过去的巨匠的画了。

将棋也是如此，当棋谱的数据积累到一定程度，显示棋手下棋特征的棋风被数字化后，人工智能大概就可以下出和人类一样的棋步了。例如，初代将棋名人大桥宗桂——他曾侍奉过织田信长、丰臣秀吉和德川家康——也留存下了一些棋谱，所以说不定有一天，我们可以根据这些棋谱，再现这位初代名人的棋风。

就像上述的例子一样，我认为，让人工智能模仿人类的审美，是一件非常重要的事。人工智能没有恐惧心等特性，会给我们带来不安。因此，让人工智能拥有像人类那样给人安心感和安定感的审美，对于让社会逐渐接纳人工智能是非常关键的。

100 亿人类与 100 亿机器人共存的社会

关于人类与人工智能共存的社会，软银集团的孙正义先生说过的话给我留下了很深的印象。

他在讲话时经常会提到"100 亿人类与 100 亿人工智能机器人共同生存的社会"。但是在我采访他时，他又说："如果我们开发的大部分人工智能都只是为了追求生产效率和便利性的话，那将会是一个多么可怕的世界啊！"孙先生认为，人工智能不应该是一种与人类有隔阂的东西，而应该是有感情的，它们可以与人类相互依赖。

不过在我这次采访的人工智能研究者中，也有人认为，赋予人工智能感情，其实是一件很危险的事。这些研究者认为，当人工智能因为某些错误而不受控制、无法抑制感情时，造成危险的可能性会比人类情绪冲动时高得多。

孙先生也认为人工智能总有一天会超越人类。他甚至在面对我的采访时直言，也许在将来，人工智能对天气预报这样受到多重因素影响的事件也能进行分析和预测。

但是我想，正是因为人工智能将会超越人类，所以孙先生才认为人工智能需要"亲密"的元素，并将企业的目标定为"生产能与人类和谐相处的机器人"。

不要过于相信人工智能

那么，在我发言的后半部分中提到的"比人类更强的电脑所想出的棋步，究竟是不是真正意义上的最好的一步"，和这本书又有什么样的关系呢？

根据最近人工智能的发展情况来看，"比人类更强"这一点是关键所在。事实上，孙正义先生自己也说过"我想世界上至少要有一家公司，做和其他公司不一样的事"，这句话其实也意味着，他承认通常的企业在开发人工智能时，其目的往往是要获得人类所没有的能力。

但是正如我之前所说的，人工智能通过深度学习进行思考的，过程，其实是一个黑箱，即使它能带来生产力的极大提升，我们却无法理解或推测这个回答是经过怎样的过程获得的。这个答案究竟是不是最好的，还需要我们再进行分析才行。

在NHK特别节目的采访中，我们采访了新加坡的交通系统作为人工智能在社会中发挥作用的实际案例之一。新加坡的国土面积狭小，交通堵塞成为了严重的社会问题。于是，新加坡采用人工智能来实时识别道路的拥堵程度，以改善交通。

这意味着人工智能不仅可以在将棋或围棋这样的游戏世界里活跃，在实际的社会生活中，只要有数据积累的地方，就有人工智能的用武之地。今后，人工智能只要像AlphaGo一样有庞大的数据作为基础，就有可能产生惊人的硕果。

我个人认为，如果可以预见到引进人工智能技术后工作效率和企业利益的提升，在这种情况下使用人工智能几乎是没有什么坏处的。在一定的风险管理下，只要胆大引进就好。如果能让人工智能分担一定的工作，消除交通的拥堵，这不是一件非常好的事么？

▲ 采用人工智能的新加坡交通系统

　　但是如果要把人工智能用在对违法犯罪的预测上，那么无论它的回答是多么正确，我们都无法否定，监视的社会化可能会被民众视为社会问题。

　　但是鉴于目前的世界情势，随着恐怖主义威胁的急剧提升，也许今后我们将不得不用隐私来换取安全。

　　让我们烦恼要不要应用，以及如何应用人工智能的类似场景，今后大概还会出现在各种各样的领域内，这其中也包括医疗等关乎人命的领域。在这些领域内是否要应用人工智能，我们必须做出艰难的决断。因为就算人工智能的准确率达到 99%，1% 的错误率仍然是性命攸关的。

　　身处人工智能研究开发一线的专家们非常清楚，人工智能只能让获得正确答案的概率提高，却并不是永远不会犯错的。但是一旦人工智能进入社会，并且能在一定程度上安全地运行，几乎所有人都会相信，它理应"绝对不会发生事故"。

　　但是我们已经一再强调，人工智能的判断过程是黑箱，而且绝对不是百分之百正确的——人们必须清楚地认识到这个事实。

人工智能是威胁吗？

　　在 NHK 特别节目的采访过程中，为了了解人工智能可能造成的相关风险，我们曾前往英国牛津大学人类未来研究所。

这个研究所里汇聚了多个领域内极富才能的研究人员，他们致力于解决关乎人类未来的重大问题。许多著名的科学家参加了这里的项目，研究所每年都会发表多篇论文。

2015 年，人类未来研究所的研究人员发表了一篇题为《威胁人类文明的 12 个风险》的报告，引起了舆论的广泛关注。在这篇报告里，人工智能的崛起与核战争、巨大火山喷发并列，被称作是人类未来的威胁之一。

我也在采访中向这里的研究人员提出了很多问题。例如，研究员安德斯·桑德伯格（Anders Sandberg）先生对于自律性人工智能被当作杀人武器使用的危险性，是这样回答的：

"如果这支军队是由人组成的，那么当政府的命令有错误的时候，他们可以拒绝执行。但是，机器人对于命令太过忠实了。"

他对于人工智能存在的问题做出了这样一番描述，给我留下了很深的印象。他告诉我："问题并不在于机器讨厌我们，而是在于机器对我们没有任何的兴趣。"

桑德伯格先生还说，人工智能"也许会在无意中用非常大的力量把我们踩扁"。

这句话也许和我们这本书所说的"人工智能没有恐惧心"有着深层次的联系。我想，今后人类与人工智能共存的过程中，如

▲ 报告《威胁人类文明的 12 个风险》

何让人工智能具备像人类一样的价值观和伦理心，会是一个非常关键的课题。

桑德伯格先生还告诉我："真正的问题在于如何让人工智能理解我们的价值观。"同样，DeepMind 公司被谷歌收购的时候，戴密斯·哈萨比斯先生就曾提出设立人工智能伦理委员会。

通过这次采访，我亲眼目睹了人工智能正以令人惊异的速度发生进步，并开始对这个社会产生影响。所以，我们应该把人工智能的伦理问题作为一个重要的现实课题，并抓紧思考这个课题。

每个人都要直面人工智能

话虽如此，这个问题却不是一朝一夕就能解决的。

我们能做的是，首先，作为日常注意事项，我们每一个人都应该注意不要把人工智能的判断当作是绝对正确的——我认为，这一点是非常重要的。

其次，在人工智能的判断并非绝对的前提下，在社会生活中引入人工智能，仍然是未来很有可能的趋势。

例如，为了让人工智能系统的判断不至于失控，今后人们也许会加上由人类进行验证的流程，从别的方向来确保人工智能的安全性。

这样想来，即使人工智能已经相当发达，我们的社会大概仍然会保留一些人类参与决策的场景。如此一来，人类要从人工智能这里学些什么，要如何使用人工智能，这两个我们已经提出无数次的问题，仍然会在未来有着非常重要的地位。

人工智能与教育

在这里，我想分享几个在将棋界已经发生的将棋软件与将棋学习的例子，也许能作为未来我们与人工智能相处方式的参考。

例如，以往人类之间的对局，两人在下棋的过程中自然而然地就会发生交流，年长者或者棋艺更高的人会将将棋的思考方式传授给对方。现在当然并不是不再发生这种情况了，而是如前所述，这个过程转移到了网上，双方也会聊天，互相讨教。

对于怀有疑问或不理解的事，人类通过直接向老师提问获得解释说明，然后才能理解或者接受——这种情况是非常多的。

在今后，年轻的棋手通过使用将棋软件进行练习，毫无疑问也是可以变强的。但是，这会是怎样的一种强大呢？目前这还是一个未知数。

假如有一个人一直以来都是与搭载了人工智能的将棋软件进行对局练习的，一直这样单方面地接受知识，人类可以用这种方法不断进步吗？不从别人那里习得将棋的思考方式，而是只通过软件对局，棋力是否可以变强呢？我对此一无所知。

现在，大学里的一些课程也会在网上公开。日本已经开始通过网络进行高等教育了。这种做法让一些因为学费等原因放弃受教育的人可以听课，获得必要的知识或技能，因此我认为这是一件很好的事情。但是如果一个小学生一直通过这样的教育方式来学习，会成长为怎样的大人呢？这一点并没有获得过确凿的验证。在没有沟通交流的情况下，人类的教育真的可行吗？我认为，必须先行进行验证才行。

学习的高速公路

另一个我觉得很重要的问题是"学习的高速公路"。

这个话题在互联网刚刚出现时经常被提及，从本质上来说，将棋软件、人工智能和互联网是一个道理。

假设使用人工智能程序可以进行超高速、高效的学习。那么接下来，所有人应该都会通过这个途径来学习。因为既然眼前就有高速公路，就没有人会特地走普通的公路了。

但是可以想见的是，一旦所有人都用起了高速公路，那么在某个地方，就会发生交通堵塞。在这种情况下，要在芸芸众生中

彰显自我，就必须要有个性才行。

那么，人们要怎样构建起自己的人格，怎样展现自己的个性呢？要走最快的学习的高速公路，也就意味着和别人走一样的路。最终，重视个性这个老掉牙的问题，还是浮上了水面。

在这种情况下，人们在学习方法、训练方法又或者是工作方法中稍微变换一下视角，也许就有了巨大的意义。例如，不仅要使用将棋软件，还要特意研究江户时代的将棋残局棋谱。改变动脑筋的地方，也许反而会有效果。不过，这些事情是必须实际做做看才能理解的。

但是我最担心的是，人们在这条学习的高速公路上奔驰的时候，也许会忙于获得大量的信息，反而没有了用自己的头脑解决问题的时间。

事实上，我已经察觉到，现在的年轻棋手在遇到未知的局面时，对应能力似乎有所下降。

在将棋界，自从数据库和互联网出现之后，最前沿的流行一直在以让人眼花缭乱的速度发生变化。说实话，现在的棋手光是要跟上这些知识，就需要花费相当的时间和精力了。

毕竟，一个新的棋步刚刚被创造出来，开始流行，就会被彻底研究清楚，而这种局面在最近的15年里一直持续。

在我刚刚成为职业棋手的时候，棋谱还要靠自己手写，从将

棋联盟拿到的棋谱也还是用复写纸复印出来的。但是现在已经有
了数据库，人们还可以通过手机或电脑网络观看对局的转播。以
往只能通过实战学到的定势，对于现在的年轻棋手来说，都是在
成为职业棋手之前就必须掌握的知识了。

让我再啰嗦一遍，这种知而学之的环境对于现在的人来说是
一种极大的优势，事实上，棋手的水平的确也有了整体提升。

但是，一些人被大量的信息淹没，无法用自己的头脑进行思考，
也是不可否认的事实。这种乍看之下非常有效率的环境，也许其
实正在渐渐给我们自己的能力带来不利因素。

多样性产生进化

关于学习的高速公路，我还有一个根本性的疑问——大家都走
高速公路，真的会加快进化的脚步吗？

其实在自然界，生物个体拥有各自的遗传多样性，反而才是
进化的关键。这也就是说，所有人做出同样的选择，从整体来看
就失去了多样性，进化反而就停止了。

让我举一个身边的例子吧。日本有一个网站叫 tabelog，正如
大家所知，这是一个给餐饮店铺打分的口碑网站。那么，如果所
有人都相信这个网站的分数是绝对正确的，所有人都不再去评分

低的网站，这个社会将会变成什么样呢？

新开的店将不再有繁盛的机会了吧？归根结底，我认为这样的社会是不健康的。相反，我认为，如果认为"这家店虽然只有两颗星的评分，但是我一定要去"的人有很多，餐饮业和这个网站才会产生好的进化，而这样的社会也将是一个健康的社会。

从将棋软件的角度来说，评价值是一种用数值来评判当前形势的东西，所以乍看之下，人们往往会认为这种评价是绝对正确的。

但是出人意料的是，在双方势均力敌的情况下，这个评价值会在300～500分左右，这个分数段意味着双方有可能会是平局。只有达到800分，分数对局势判断的准确性才会明显提高。关键在于，这说明了棋手在对棋步的选择中，有着玩的余地。

与围棋界相同，将棋界也有一局棋的说法。它意味着即使真正正确的下法只有一种，也要先用自己想用的下法来下一局试试再说。我认为，怀着这种玩的态度来下棋是非常重要的一件事，反过来说，就算已经知道了评价值，棋手也是可以尝试走一些大胆的棋形的。

我是如何对待信息的

那么我自己在这方面是怎样做的呢？我在对待信息时，总是抱着慎之又慎的态度。因为在很多情况下，信息反而会成为胜利的绊脚石。

在对局之前，一般来说我还是会了解一下对手最近的战法倾向的。因为如果能事先进行信息的收集，并做出预判，在序盘时就不用花费过多的能量来思考，可以比较轻松地开始。这样一来，就能在前半局里保存体力，在后半局一决胜负的时候有足够的体力来专注于思考。

然而，收集信息也是有坏处的。

为了收集对手最新的动向，时间不知不觉就过去了，相对而言，我就没有时间来研究具有创新性的棋步了。而且，如果过于热衷于针对收集到的信息想对策，有时候还会钻进牛角尖里，产生一些可笑的想法。偶尔还会发生这样的情况：我很努力地研究了一个新的战型，但是到比赛的时候，这个战型却已经落伍了。这样一来，我的这些思考就成了鸡肋，想甩却又很难甩掉，导致判断变得迟缓。因此，我们也必须时刻做好毫不惋惜地抛弃过去的积蓄的心理准备。

我在分析战型的时候，常常会追溯这个战型的历史，寻找相关重要对局的棋谱。在这个过程中，把棋谱打印出来，在盘面上实际地排列一下棋子，是非常重要的一步。但是棋谱积累到一定程度时，我会把这些打印出来的纸都扔掉。这样给自己定好规

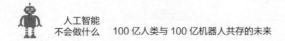
矩，我才会下定决心记住棋谱——"现在不记住，就再也看不到了"。

当然，我随时可以使用电脑上的将棋数据库，但是轻易就能看到的东西，会很轻易地忘掉。

对于重要的棋步和局面，我会在棋盘上亲手摆好棋子，和某个人讨论，抑或记住当时的状况，将这些东西牢牢地写进记忆里。另外，为了锻炼我对胜负的直觉，更好地判断形势，我也会转换视角，观看橄榄球或网球等体育比赛。

如何充分发挥经验的价值

但是，最让我获益匪浅的还是在实战中积累的经验值。不过通过实际体验获得的东西，是不能直接运用的。

在将棋界，棋手周围的情况总是在不断变化的，所以很多时候，经验反而会成为棋手的阻碍。很多下法以前是定势，但现在已经不再被使用了，或是有被破解的趋势。

所以，棋手要从通过经验得到的各种各样的可选项中，找到眼前问题的最优解，这是非常重要的一件事。例如，利用以前对局中碰到过的局面，判断类似的局面是优是劣，或是借鉴当时的思路来下。这样下一点小小的功夫，就能充分发挥出经验的价值了。

实际上，在需要一决胜负的领域中，被认为是最佳的方法究竟能否行得通，人们对此往往是毫无头绪的。但正因为是毫无头绪的局面，人们才能充分发挥经验的价值。

在遇到这种情况时，其实关键并不在于知道"这样做能行得通"，而是在于知道很多的"这样做是行不通的"。在对选项进行取舍的时候，清楚知道应该剔除哪些的选项，才是从经验中获得的宝贵的眼力。

从这层意义上来说，我想即使是通过失败或教训获得的经验积累，也绝不是无用的东西。打个比方，这些经验能让"指南针"的精度逐渐提升。经验值会随着我们年岁的增长，越来越清晰地会告诉我们"走这里可是行不通的哦"，让我们逐渐看清方向。

与不在一个层次上的智能共同生存

这样一想就会明白，今后，我们还是有自己独立思考的必要性。

但是回到和人工智能共存的话题。人工智能如果用得好，会是一种非常方便的工具，所以能用的时候就要用——我这话，似乎是一句理所当然的废话了。

不仅是人工智能，新技术也在不断被推出，但是能否以有意义的形式，以健康的目的来使用这些新技术，归根结底，还是在于人类。简而言之，没有坏的东西，只有坏的人。人工智能的运用是否恰当，和互联网及其他科学技术在军事方面的使用是一回事。

不过，让我们说点更科幻的事情——这也是我所期待的事——在未来，人工智能是否会彻底改变我们的社会结构呢？

在第一章的最后，我曾提到，脑科学家茂木健一郎问过这样一个问题："如果人工智能的智商达到4000，社会会是怎么样的？"

人工智能是一种拥有极高的信息处理能力的智慧。如果把它换算成人类的智商值，也许的确可以达到3000或是4000，这种智商与人类的完全不在一个层次上。面对如此厉害的人工智能，如果我们能像在手臂上贴膏药一样轻而易举地使用它们，又怎么可能选择放弃使用人工智能呢？

如果我们人类真的与这样厉害的智慧共同生存了，那么我想，社会是完全有可能变成一个与现在截然不同的样子的。

但是，这种转变究竟是不是向着好的方向，就又是另外一回事了。有可能我们现在社会的各种问题都能得到解决，也有可能正相反，人类作恶的智慧得到充分发挥，社会变得比现在更糟糕。说到底，无论技术的发展导致这个社会走向何方，这都完全取决于人类自己对技术的使用方法。

深入理解将棋软件

接下来让我们谈谈将棋的未来。

在 20 多年前的 1996 年，我曾被问及："电脑什么时候能战胜专业将棋棋手？"我回答："2015 年。"当然，我这么回答，并不是因为有什么确凿的证据，只是曾经听说过仅仅是硬件方面的进步就能让电脑自然而然的变强，于是就大概估计了这个数字做了回答。

事实上，电脑根据摩尔定律，确实发生了进化，再加上众多优秀的程序员参加了编码工作，这才造就了将棋软件今天的强大。

说不定在今后的时代，将棋棋手要变强，不仅要能够深入理解将棋软件的强大，甚至编程的素养也会成为棋手的基本技能之一。

同时，为了编写出强大的程序，程序员也可能得有一定的将棋实力才行。这是因为，即使程序员可以让人工智能进行深度学习，人工智能的初始设置仍然必须由人来进行。可以想见，在进行设置的时候，广阔的知识面和高品位是设置者不可或缺的素养。另外，开发过程和源代码的开放程度，将对将棋软件的开发速度产生巨大的影响。

每年，将棋软件都会评选出这一年里较为优秀的作品，所以我想，今后它的进步速度一定也不会迟缓下来。

回归原始的娱乐

随着技术的提升进步，我认为无论在哪个领域，观看的乐趣似乎都在减少。例如在柔道领域，与过去相比，技术有了飞跃性的进步，但是另一方面，在我的印象里，用投技一招定胜负的比赛也变少了。有不少人都说，观看以前的比赛更有趣。

又例如现代的足球等球类比赛，它们变得系统化，其中一部分已经让外行看不出其中的有趣之处了。

人工智能在进一步拓展将棋的可能性的同时，也非常有可能造成同样的问题。

在那个时候，棋手该如何生存，将成为一个亟待回答的问题。另外，将棋界本身需要一个怎样的体制才能存活下去，将成为摆在业内所有人面前的一个重要课题。话虽如此，但我个人感觉，将棋界应该像2016年在日本棒球中央联赛中获胜的广岛海湾队这样，一边作为企业做出努力，一边尽可能地提高服务粉丝的精度。

另一方面，我也常常在想，当人工智能已经比我们想象的更加融入社会，所有人都从劳动中解放出来，而且虚拟现实等与现实别无二致的虚拟空间成为每个人身边的事物时，人类会做些什么来打发时间呢？

我猜想，到了那个时候，人类也许反而会回归一些原始的娱乐。

当前，人们通过游戏等虚拟的空间来体会现实中无法获得的非日常的体验。但是随着技术更加进步，人类又会进行怎样的游戏呢？我觉得，也许将棋这样自古流传至今的游戏，反而会留存到那个时候。

再定义智慧

这本书即将画上句号了。

我想要介绍几个我在进行人工智能的相关采访时留下深刻印象的事情，作为这本书的总结。

一个是，没有数据，人工智能就无法进行学习。这样说来，如果要挑战一个不存在数据的未知领域，无论是对人类还是对人工智能来说，都是具有重大意义的。

第二个是，亲身前往各个现场，进行长时间的交谈，是最好的学习。无论技术进步让信息增加多少，让信息的获得方便了多少，与他人进行交谈来加深理解并获得自我提升，并没有发生什么本质上的变化。

还有最后一个。那就是今后，我们必须对"智慧"这个词重新定义才行。

在人类漫长的历史中，其生存前提一直是这样一种环境："只有人类才拥有高度的智慧"。

但是如今这个时代，已有论调说"人工智能已经有了超越人类的智慧"，也有人认为"有些事是人类做得到而人工智能做不到的"。恐怕，我们必须要将"智慧"这个词与人类分离开来，对它重新做一个定义了。

但是，要问智慧究竟是什么，恐怕没有人能够回答吧。在我向戴密斯·哈萨比斯先生询问"智慧是什么"这个问题时，他虽然指出了人类智慧的特征，对问题本身却没有做出回答。

实际上，人类的智慧还充满着未解之谜。可以实现却无法解释说明的事情，以及可以感受到却无法用语言表达的领域，还有很多很多。

但是，随着高度发展的人工智能的出现，人类的智慧有了一个比较的对象，情况就有所不同了。通过这种比较，人类智慧的特征就能浮现出来了。在这样的情况下，包含了人类和人工智能的智慧究竟是什么，也许就会被解明了。

事实上，对于那些想要做出像人类一样的人工智能的研究者们来说，他们努力的原动力，正是这种构想。

了解人工智能，也许我们就能更深地了解人类。

人工智能的社会应用

我们将成为数据

有一个国家站在国家层面上宣言，要倾力将人工智能广泛运用到整个社会中，它就是新加坡。它高举智能国家（smart nation）的旗帜，为此，新加坡政府高层还在招揽世界各国的优秀人才。

当下，新加坡正在开展领跑世界的实验，譬如在地铁领域的实验。新加坡交通部通过搭乘地铁的民众的智能手机 App，收集和储存了地铁站台内的个人位置等信息。它的目标是未来能够运用人工智能，实时解析不断变化的人群流动情况，设计出最有效率的地铁时刻表，灵活地控制交通工具的运行，而不是像日本一样事先编排出准确的时刻表。

此外，在新加坡最繁华的商业街乌节路（Orchard Road）上，

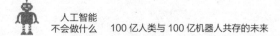
街边所有的垃圾箱都设有感应器，自动监视垃圾的堆积程度。这样做不仅能够保持道路美观，还能安排清洁工们高效地收集垃圾。

新加坡还进行了一项运用人工智能缓解街道拥堵的实证实验。该系统从智能手机 App 中收集各个地区的拥堵情况及个人偏好等数据，再由人工智能为人们推荐出行方式、路线等。

以高效的国家管理为目标，新加坡将反复开展实验。人们几乎不会意识到，自身生活的便利是怎样获得的，但是，人们的生活在静悄悄地发生变化——当然，我们不能忽视这种变化导致的对个人信息及隐私问题的担忧，但是，这也不失为一种与人工智能共同生活的可能。

个人将成为数据被计算和测量，而数据的汇集，又为人们提供新的服务——这样的趋势正在世界范围内加速发展。其中一个简明易懂的例子就是出租车叫车软件优步。它的应用程序的画面中能显示距离我们位置最近的车辆，这辆车将前往精确定位的地点接上乘客，无需告知路线，车辆也能前往目的地。更进一步，人们已经开始尝试用自动驾驶车辆来提供叫车服务了。车辆的移动不再需要驾驶员的情况，也完全可能成为现实。

人工智能成为恋人？！

2014 年 5 月，中国的人工智能聊天机器人小冰发布。它被设定为一个虚拟世界的女孩子，能像真正的女性一样与人对话，让很多人为之痴迷。人工智能可以填补人内心的空虚，成为最理解自己的人——这种像童话故事一样的事，也许真的会在不久的将来发生。

像具备人格一样做出各种行为，并进行丰富多彩的交流——能够做到这些的人工智能在日本也已出现，它就是人工智能琳娜（Rinna）。它被设定为一个正在上高中的女生，通过即时通信软件LINE与他人进行交流。它能同时与不同的用户进行单独的交谈，让用户觉得"它是我的琳娜"，非常有意思。它一会儿成了某家企业的实习生，一会儿又担任宣传大使，就像真正的艺人一样，不断开拓自己活跃的领域。

不仅是琳娜，2016年年底，日本还发布了另一款机器人Kibiro。据说，它还能根据日常交流，学习用户的喜好，做出贴合对方个人情况的回答。相处的时间越久，Kibiro就越符合用户的偏好。和人类一样，人工智能也将会拥有多种多样的个性。

与通用性一样，多样性也将是人工智能融入人类社会的过程中的关键词之一。

人工智能将会怎样改变我们的工作

在众多与人工智能相关的话题中，许多人都在关心这样一个

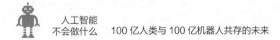

问题：人工智能将会夺走我们的工作。2013 年，牛津大学研究员迈克尔·奥斯本（Michael A. Osborne）发表的一篇论文引起了人们的广泛关注。因为这篇论文以排行榜的形式列出了"即将被机器逐步消灭的职业"。

这篇论文之所以会引起社会轰动，是因为其中列出的将会被机器取代的职业，包含了律师、外科医生、注册会计师等非常专业的职业，即所谓的白领。

的确，能够诊断癌症的人工智能，将来很可能会威胁到医生的工作，搭载了人工智能的手术机器人的开发也正在顺利进行。不知疲倦且无比正确，对疾病的诊断能力更是在人类之上——当这样的人工智能医生出现的时候，如果别人问："你是选择让人类医生看病，还是让人工智能看病？"我们会如何回答呢？

事实上，与此类似的问题中有一些已经成为了现实。自从美国的律师事务所运用了判例检索软件，律师助理或专利方面的律师职位数量正在逐渐减少。

2017 年 1 月，日本经济新闻社发布了"决算总结"服务。在这项服务中，人工智能会自动总结出与企业决算相关的新闻报道。据说，这个算法由日本语言理解研究所（ILU）和东京大学人工智能研究专家松尾风等人共同开发。而就在同一时期，有消息表示 IBM 的人工智能 Watson 针对一部即将上映的恐怖电影，自动生成了宣传片。人工智能开始进入媒体领域，毫无疑问会让这个领域在今后发生巨大的变化。

适者生存的时代

话说回来，为什么人工智能可以取代白领的工作呢？

发生这一情况的原因在于，由于人工智能的出现，分析能力的价值有了戏剧性的变化。在此之前，人们普遍认为需要分析能力的工作必须是具有渊博知识的少数人才能做的。在日本，这些专业性很高的职业的称谓中大部分带有"士"字，例如会计师、律师等；又或是带着"师"字的教师、医生等工作。[1]

而且，这类工作几乎在所有国家都需要资格认证才能从事，通过资格认证，来担保从事者的专业知识和分析能力水平。然而令人困扰的是，人工智能却可以轻而易举地搞定这些工作。而且，这种趋势将愈演愈烈。我们能够选择的工作种类和内容，在未来大概会发生很大的变化。

在采访开发出了诊断癌症的人工智能的杰里米·霍华德先生时，我们这样询问道："在未来，你的工作会不会也因为人工智能而消失呢？"他先是开玩笑道："那我就可以玩啦。"然后又

---

[1] 日语中"会计师""律师"分别为"会計士""弁護士"，以"士"称呼；"教师""医生"分别为"教師""医師"，以"师"称呼。——译者注

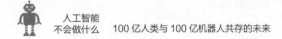

自信地说："即使真是那样，我一定也会找到某些只有我才能做
的工作的。"

如何与人工智能相处？

有很多人认为，要在第一产业和第二产业中以人工智能取代
人类，还是很久以后的事，但是从现状来看，这种取代大概并不
需要很久。

蔬菜有没有到可以吃的时候，不再由熟练的农民，而是改由
人工智能来确定。此外，通过分散学习成长起来的机器人，完全
可以取代熟练工人。

德国正在制造业领域实施"工业 4.0"计划。这项计划不仅计
划让工厂无人化，利用人工智能和机器人实现生产效率的最大化，
还在进行让机器人和人一起工作的技术开发。这是因为人们认为，
一旦机器人能够判断周围的情况，共同作业的方式反而会比分别
作业提高生产率和创造性。人工智能的发展，将会确确实实地逐
渐改变我们与机器之间的关系。

不仅如此，如今在婚恋匹配服务、大学生职业规划等方面，
也用上了人工智能。也就是说，在人生道路的重要分歧点上，人
工智能也正在逐渐扮演重要的角色。

今后，我们在决断时很可能会倾向于采用人工智能推荐的方

向。在这种情况下，如果我们并没有获得想要的结果——也就是说遇到人工智能出错的场合，又该如何应对呢？遇到这种情况，我们唯一的出路大概就是原谅和宽容人工智能了吧？

"人工智能绝对不是百分之百正确的——我们必须清晰地认识到这个事实。"羽生先生在采访期间说过的这句话，我至今难忘。

其实我觉得，之所以要让人工智能拥有人类的价值观和心灵，也许正是为了让我们在面对人工智能时更容易承认，它是不完美的。通过这样做，我们似乎更容易与人工智能互相让步。人工智能的进步速度在今后必然会继续加快，而能否用好这项技术，完全取决于我们自己的心态。

羽生先生教给我们的道理

NHK 特别节目《天使还是恶魔》播放于 2016 年，对于棋手羽生先生来说，这也是发生了许多变化的一年。他尝到了人生第一次的六连败，还参加了睿王战——这是以与最强的将棋软件对局为目标的比赛。虽然很遗憾他没有胜出成为代表，但是他不断挑战的态度，给人一种非常大气的感觉。

随着羽生先生的连败，"他是不是终于不行了？""到了新一代上来的时候了"之类的评论不断冒出来，但是我的看法却与此不同。他似乎有什么东西想要抓住，为此甚至不惜屡次失败。

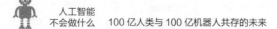
由于工作的关系，我经常有机会与科学家或科研工作者对话，而在他们身上，有一个共同点，那就是在重要的发现背后，总是存在着众多的失败，这些人必须以坚忍不拔的态度越过无数的失败。试剂错了，实验条件错了，获得的实验结果与假设完全相反……但是，他们仍然会坦然直面眼前发生的一切。他们的身上，体现出的正是"失败乃成功之母"的道理。

我们现在正在做的事，在今后将越来越多地被人工智能所取代吧。但是，挑战的意义想必是不会变的——不畏惧失败，做一些让人意想不到的事，并从这些事中产生崭新的成果。

面对能在一瞬间获得各种各样的成功（正确答案）的人工智能，我们可以做的，也许就是失败（试错）了。即使面对风险，也要相信自己的决断，勇往直前，这也许就是留给我们人类的道路。这也是我与羽生先生共同制作节目时强烈感受到的一件事。

羽生先生在忙碌的日程中见缝插针地为我们提供了极大的帮助，在向他表示感谢的同时，我也希望表达自己能够与他共事的荣幸。

尾声

最能展现人工智能带给人类的威胁的电影，大概就是阿诺·施瓦辛格主演的《终结者》了。故事的背景大致如下：战略防卫电脑系统"天网"产生了自我意识，向全世界发射核弹，导致超过半数的人类死亡……

但是，即使通用型人工智能真的被成功开发出来，这样的事情在现实中发生的可能性也是微乎其微的。这种故事作为消遣娱乐当然是挺有趣的，但是在我看来，它把人工智能过于拟人化了。

另一方面，也有一些科幻作品以更现实的角度描绘了未来。那就是根据日本漫画家士郎正宗先生于 1989 年开始连载的漫画《攻壳机动队》改编而成的同名动画。

　　与《终结者》相比，这是一部被一些粉丝疯狂追捧的作品，而
这部作品呈现的视角，似乎与我们这本书想要说的东西非常接近。

　　我觉得，其中展现的将硬件设备与人脑的神经网直接连接的
电脑化技术、赛博朋克（义肢化）技术普及的世界，比《终结者》
的世界更具有现实性。

　　事实上，义肢化导致人类与机器人的界限逐渐模糊不清，是
现实中完全有可能发生的。

　　当然，义肢化也可能会像克隆人这样，在技术上可行但是出
于伦理观点而被叫停，要让全社会都接受这样的事情，也许还存
在一些困难。但是，假设义肢化在医疗现场可以拯救人类的性命，
我们又该怎么做呢？如果不分青红皂白地禁止这类技术，反而会
被认为是不符合人道主义吧？

　　本书提到，人工智能可能会导致人类的审美和判断发生改变，
而人工智能与人类的关系，也正在变得类似于《攻壳机动队》中
义肢与人类的关系。

　　话说回来，为什么人工智能的开发在近几年突然成为热潮，
并产生了如此令人惊异的进步呢？

　　正如第五章里介绍的，英国牛津大学的人类未来研究所发表

的报告《威胁人类文明的 12 个风险》中，人工智能也是其中提到的风险之一。与它并列的有极端气候变化、核战争、全球流行疾病（感染、传染病等在全世界范围内的流行）等风险，由此看来，人工智能的出现似乎被该报告的作者视为了非常严重的威胁。

　　然而，人工智能有一个与其他 11 个风险截然不同的特点。其他风险是纯粹的危险，而人工智能却同时蕴含着解决这些风险的潜在可能性。正如戴密斯·哈萨比斯先生所说，它或许还可以对森罗万象一一做出说明。

　　也正因此，人工智能虽然被认为具有像《终结者》那样让人类灭绝的风险，却仍然在以令人惊异的速度不断进步。

　　有个词叫做"双刃剑"，人工智能正是一把极为锋利的剑。在 20 世纪，核的控制曾经是人类的一大主题，而在 21 世纪，人工智能也许会取代它成为新的主题。

　　关键在于，我们要怎样理解这些从深度学习中获得的数据和分析结果。

　　当然，人类的大脑是有物理上的制约的，所以不可能完全模仿人工智能。从庞大的数据中获取最低程度的必要信息并对此进行理解，才是人类能用的方法。

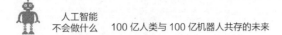

不过，人工智能肯定还会进一步发展进化。例如，人要在将棋方面变强，是要进行恰当的课题设定的，据说，现在的人工智能在这方面还很弱。但是今后又会如何呢？大家普遍认为，人工智能是最擅长个性化的，所以在未来，它很可能会根据现代的大数据分别针对每个人自动进行个性化的课题设定。

与此同时，人工智能也将逐渐融入社会。

就在前不久，我在日本静冈县裾野市的丰田东富士研究所里试乘了自动驾驶的汽车。这让我感到，在不久的将来，人工智能一定会成为我们日常生活中更加寻常的东西。

人工智能的能力无疑会在未来继续有飞速的提升。所以，我们人类也必须有同样飞速的提升才行。

这次采访前往伦敦时，我第一次参观了大英博物馆，看到了一件一直很向往的展品，那就是古希腊时代的瓶画《阿喀琉斯和埃阿斯下棋》。

这个陶器上描绘了即将奔赴战场的两个士兵正在下棋的样子——虽然他们很可能会在接下来的战斗中死去。[1] 从非常近的地

[1]　关于这个瓶绘中两人下棋的背景有多种说法，这里是作者的个人观点。另外，这幅画也被称为《阿喀琉斯与埃阿斯玩骰子》。——译者注

方看到这幅画，我似乎明白了，为什么棋类运动在那么长的历史中始终没有被遗忘，而是一直流传了下来。

除了这幅画之外，大英博物馆里还展示了非常多的瓶画，所以我本以为很容易就能找到它，但却着实费了一番功夫。在寻找它的时候，我一边看着那些古代的瓶瓶罐罐，一边思考这样一件事：

马文·明斯基（Marvin Minsky）是一位计算机科学家，他被称为人工智能之父。他提出了"能 / 不能进行线性分离"这个人工智能开发中需要解决的重要课题。简单来说，这个观点是指，如果事物的所有对象无法被分离为 0 和 1（即不能进行线性分离），人工智能就无法处理它。

我们已经发现，在最近的研究中，几乎所有的问题都是可以进行线性分离的。但是事实上，处理无法分离为 0 和 1 的事，才是人类该做的事吧？——面对着这个纪元前制作出来的瓶画，我突然这样意识到。

本书是根据我与节目中采访的诸位研究者和人工智能开发者，以及我与本书中介绍的其他诸位研究者们的对话，整理我自己的所思所想而成。无法一一列举大家的名字，但请让我在此再次表

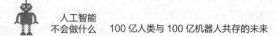

示感谢。

　　另外，在节目制作和本书创作的过程中，我受到了很多人的关照。这对我来说是一次难得的体验。非常感谢！

羽生善治

2017 年 1 月

图书在版编目（ＣＩＰ）数据

人工智能不会做什么：100亿人类与100亿机器人共
存的未来／（日）羽生善治，日本NHK特别采访组著；王
鹤译. -- 成都：四川人民出版社，2019.1
ISBN 978-7-220-11093-1

Ⅰ.①人… Ⅱ.①羽… ②日… ③王… Ⅲ.①人工智
能—研究 Ⅳ.①TP18

中国版本图书馆CIP数据核字（2018）第259513号

四川省版权局著作权合同登记图进字：21-2018-717 号
JinkouChinou No Kakushin
Copyright © 2017 Habu Yoshiharu, NHK
First published in Japan in 2017 by NHK Publishing, Inc.
Simplified Chinese translation rights arranged with NHK Publishing, Inc.
through CREEK & RIVER CO.,LTD. and CREEK & RIVER SHANGHAI CO., Ltd.

书　　名	人工智能不会做什么：100亿人类与100亿机器人共存的未来
作　　者	[日]羽生善治　日本NHK特别采访组
译　　者	王鹤
责任编辑	杨立　罗爽
出　　版	四川人民出版社
策　　划	杭州蓝狮子文化创意股份有限公司
发　　行	杭州飞阅图书有限公司
经　　销	新华书店
制　　版	杭州真凯文化艺术有限公司
印　　刷	杭州钱江彩色印务有限公司
规　　格	880×1230毫米　32开
	6.125印张　105千字
版　　次	2019年1月第1版
印　　次	2019年1月第1次印刷
书　　号	ISBN 978-7-220-11093-1
定　　价	49.00元
地　　址	成都槐树街2号
电　　话	（028）86259453